专家田间会诊丛书

图说棉花

生长异常及诊治

李雪源　王俊铎　主编

中国农业出版社
北　京

《图说棉花生长异常及诊治》

编　委　会

主　　编　李雪源　王俊铎

副 主 编　梁亚军　郑巨云

参编人员　李雪源　艾先涛　王俊铎　郑巨云

梁亚军　龚照龙　郭江平　张万里

侯小龙　陈　勇　贾尔恒·伊力亚斯

丁　鑫　匡　猛　赵素琴　林　萍

彭　延　侯殿亮　狄　浩　谭　新

吴久赟　苏秀娟　于月华　周丽蓉

牛康康　买买提·莫　明　孙国清

吾斯曼·依马尔尼亚孜

前 言 FOREWORD

我国是棉花生产大国、消费大国和进口大国。棉花生产不仅关系到几千万棉农的生产、生活，而且还关系到棉花产业的可持续发展。提高棉花单产、质量、效益，对提高棉农收入、稳定棉花生产、促进棉花产业可持续发展具有重要的意义。

棉花生长异常已成为制约棉花产量、质量和效益提高的常见问题。由于生产者对棉花生长异常症状不能正确识别，对生长异常的原因不能正确诊断，不能拿出有效的防治措施，甚至出现错误的判断，采取错误的措施，导致虽然投入了大量人力、物力和财力，但产量、质量、效益仍然明显下降。因此出版编著有关棉花生长异常诊断与防治方面的科普图书显得尤为必要和迫切。作为棉花科技工作者，有责任和义务做好此项工作，为广大棉花生产者服务。

作者根据多年对棉花的学习、观察、研究及实践，结合他人的研究结果，以图说的形式编写了这本科普读物，期望能解答棉农朋友们在棉花生产中遇到的各种问题，能帮助棉农朋友们对生产中出现的棉花生长异常现象做出快速准确诊断，能使棉农朋友们种植的棉花产量更高、品质更优、收益更好。

《图说棉花生长异常及诊治》涉及棉花生长中各种生长异

常问题74个，以新疆棉花生产为主，贯穿棉花生产全过程。特别是将近些年生产中出现的最新问题编入此书中，对生产中出现的各种生长异常问题从症状表现、发生原因和防治措施等方面做了详细介绍、量化说明、全面分析、准确施策，同时配以相应的图片，做到通俗易懂，使棉农朋友能更好地了解掌握相关知识，也供科研农技推广人员参考使用。

本书的出版得到了团队成员和棉花界同仁的大力支持。借此机会向为本书付出辛勤劳动的工作人员表示衷心的感谢！由于时间仓促，书中疏漏和谬误之处在所难免，敬请读者批评指正。

编　者

2018年2月

目录

1. 棉花烂种、烂芽

症状表现：棉花烂种、烂芽是指棉花播种后出苗前，因遭受不良环境影响导致已吸水膨胀的种子不能继续发芽，或开始萌动发芽的种子胚根不能继续伸长生长，或在规定的条件和时间内，胚根和下胚轴总长度小于种子长度的两倍，或无主根，或下胚轴畸形，而出现的种子霉烂或芽腐烂的现象（图1-1，图1-2）。棉花烂种、烂芽现象在新疆棉区早播棉田，尤其是在北疆棉区经常出现。

图1-1　棉花烂种、烂芽

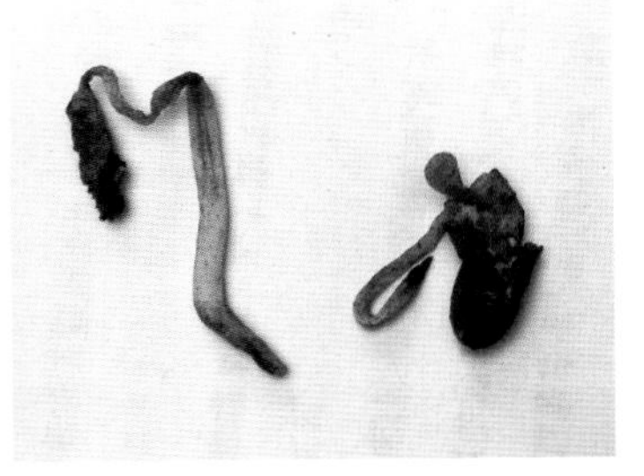
图1-2　棉花烂芽

发生原因：①低温冷害所致。低温冷害是棉花烂种、烂芽的主要原因。棉种萌发、胚根生长的最低临界温度为11 ～ 12℃，温度越高，萌发出苗越快。种子吸水膨胀后，气温如果下降到10℃以下，持续时间长，就会导致已吸水膨胀的种子胚根难以生长而烂种，已发芽的种子烂芽。②土壤湿度大所致。伴随低温，土壤湿度大，会加剧烂种、烂芽。当土壤持水量＞70%时，棉种吸水膨胀加快，当大部分棉种吸水膨胀后，伴随低温冷害的发生，土壤病菌的影响，就会加剧棉花烂种、烂芽的程度，产生大面积烂种、烂芽现象。③种子抵抗低温能力差。不同的品种、不同加工质量的种子，抵抗低温冷害能力不同。瘪籽率高、破籽率高、成熟度差的种子抵抗低温等逆境能力差，烂种、烂芽现象严重。

防治措施：①适时适墒整地。待土壤适墒时及时耕地整地，做好耙、抹、切工作，保证土壤持水量在70%左右适宜范围。土壤湿度过大时，应推迟整地或翻地后进行晾晒，达到适耕时整地，防止土壤湿度过大、透气性差。②选用质量达标、包衣的种子。种子质量达到种子成熟饱满、破籽率＜3%～5%、含水量＜12%、发芽势强、发芽率＞95%、纯度＞95%的品种；种子尽量采用杀虫剂、杀菌剂包衣；播种前对种子进行精选和晒种，提高播种品质。③确定适宜播种期。当气温连续5天稳定回升到14℃以上，膜下5厘米地温稳定达到13℃，实时气象没有灾害性天气时开始播种。当有倒春寒等气候过程时，应停止播种，避开灾害性天气过程。盐碱地、地下水位较高的棉田宜晚播。霜前播种，霜后出苗，播在冷尾，迎在暖头，可以避免霜冻害，要根据中长期天气预报，确定播期，防止过早播种。西北内陆南疆棉区适宜播期为4月10～20日，北疆为4月15～25日，东疆为4月1～10日。④严格播种质量。播种深度不超过4厘米，覆土厚度不超过2厘米，播深控制在2～3厘米，覆土厚度1～2厘米。⑤加强播种后棉田管理。播后气温持续偏低情况下，采取勤中耕办法，提高地温，中耕深度10厘米左右为宜；播种后遇雨土壤板结或有杂草时，应及时破除板结、除草。播种后遇霜冻，可采取熏烟防霜。

2. 棉花烂根

症状表现：棉花烂根主要指种子萌动后和幼苗时初生的幼根和次生根霉烂的现象（图2-1，图2-2）。也有棉花生长期间根系发生根腐、烂根的现象。棉花烂根现象在生产上时有发生。

发生原因：①主要是低温冷害所致。棉花种子发芽后，如果温度下降到10℃以下，持续时间长，就会发生低温冷害，初生的幼根会发生碳水化合物和氨基酸外渗，导致皮层崩溃而根尖死亡，即使随后温度回升，也只能在下胚轴基部生出次生根。幼苗时期，棉苗根际地温如降到14.5℃时，根系就会停止生长，如果低温持续时间3～5天，就会出现烂根现象，严重的导致死苗。②根际真菌所致。低温下过湿的土壤环境与根际真菌的作用，导致棉花发生烂根。③土壤湿度过大导致土壤氧气不足产生根腐。④肥害导致棉花发生根腐。

防治措施：棉花生长期，加强肥水管理，防止渍害和肥害发生。其他整、种、播、管措施同“1.棉花烂种、烂芽”。

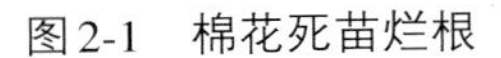

图2-1 棉花死苗烂根

图2-2 棉花烂根

3. 棉花出苗困难

症状表现：棉花出苗困难主要指种子萌动发芽后，随着胚轴的伸长，子叶长时间无法出土的现象（图3-1）。棉花出苗困难的问题在棉花生产中时常出现。

图3-1 棉花缺苗断垄

发生原因：①播种过深、覆土过厚。播种深度＞3厘米，覆土厚度＞2厘米，导致子叶呈黄牙状态长时间在土下见不到阳光，不能进行光合作用，造成种子自养消耗殆尽，出土能力弱，影响出土。②土壤质地黏重，雨后板结。播种后遇雨，导致土壤板结，特别是土壤质地黏重的棉田，土壤板结严重，造成棉苗难以出土。③出苗时持续低温，地温过低影响棉花出苗。棉花出苗对温度的要求比发芽高，一般需要16℃以上才能正常出苗。因为棉籽下胚轴伸长并形成导管需要在16℃以上才行。准备出苗的棉花如果遇到持续低于16℃以下温度，就会影响下胚轴伸长，造成出苗困难。有时造成种子自养消耗殆尽，胚轴无力将子叶顶出土壤。如果棉花出苗阶段的日平均温度由17℃提高到23℃，从播种到齐苗的天数将会大大缩短。④播种层土壤墒情差。棉花不同生育阶段对田间持水量有不同要求。萌发出苗阶段，土壤湿度过低，土壤田间持水量＜60%，种子易落干，萌动的种子生长慢，影响发芽出苗。⑤种子品质差。成熟度差、芽势弱的种子，出苗慢而困难。⑥土壤盐碱所致。0 ～ 20厘米耕作层中土壤可溶性总盐碱含量＞0.3%时，将会抑制棉花出苗。正在出苗的棉花当遇到雨水引发次生盐渍化时，也会造成出苗困难。⑦播种阶段少阳光，地温下降也会延迟出苗。

防治措施：①创造良好土壤条件。做好黏重土壤改良，掺沙增施有机肥，保持土壤良好团粒结构。适时适墒耕地整地，做好犁、耙、抹、切工作，保证土壤持水量在70%左右适宜范围，提高土壤透气性。②做好土壤盐碱改良。冬季或者早春进行储水灌溉，对土壤进行洗盐、压盐，灌溉后结合耕作，减少土表蒸发和降低耕作层积盐。其他选种、确定适宜播期、严格播种质量、加强播后管理措施同“1.棉花烂种、烂芽”。

4. 棉花生长发育迟缓

症状表现：不同植棉区都有各自植棉区域棉花生长发育进程。棉花生长发育迟缓表现在出苗、现蕾、开花、吐絮整个发育进程明显推迟，在新疆合理的棉花发育进程应是“四月苗，五月蕾，六月花，七月桃，八月絮”，发育迟缓晚熟棉花发育进程往往是“五月苗、六月蕾、七月花”，三桃比例不协调，没有伏前桃，伏桃比例＜65%，秋桃比例＞20%，霜前花比例＜80%（图4-1）。

发生原因：①播期晚。在新疆播期在4月底至5月初的棉花，易出现生长发育进程迟缓问题。②热量不足。气温低于20℃、热量不足直接造成棉花减产、晚熟、霜前花率低，棉株生长发育缓慢，各器官形成和发育推迟。北疆棉花从播种到枯霜期一般所需≥10℃积温为3 362.0 ~ 3 633.0℃。播种至出苗为194.3 ~ 239.7℃，出苗至现蕾为713.7 ~ 715.9℃，现蕾至开花为645.8 ~ 657.8℃，开花至吐絮为1 356.6 ~ 1 476.4℃。南疆棉花从播种到枯霜期一般需≥10℃积温为3 756.2 ~ 3 938.4℃。播种至出苗191.5 ~ 233.6℃，出苗至现蕾833.4 ~ 951.2℃，现蕾至开花605.0 ~ 666.2℃，开花至吐絮1 628.9 ~ 1 690.01℃。③品种晚熟。选用品种的生长发育进程慢。④栽培措施不配套。栽培措施没有体现促早熟栽培。⑤土壤黏重，往往造成前期棉花生长发育慢，后期棉花生长势过强。⑥开花结铃期日均气温偏低。从开花到吐絮，需要1 350 ~ 1 450℃活动积温。也就是说开花结铃期日平均气温在25 ~ 30℃时，铃期50天左右；当气温降到15 ~ 25℃时铃期延长到70天以上。⑦光照不足所致。播种阶段少阳光，地温下降出苗延迟。

图4-1　棉花生长迟缓

防治措施：①强化促早栽培。选用早熟品种、适期早播、全程化控、肥水强度做到轻水轻肥或中水中肥、适时早打顶、早停水停肥。②科学调控。棉花生长前期喷施叶面肥、赤霉素等高效的植物生长激素。促进植物细胞体积的增大，调节植物体内营养物质的运输和分配。

5.“帽子棉”

症状表现：“帽子棉”主要指在棉花出苗阶段，子叶出土时，子叶带着种壳出土、子叶不能及时展开的棉花（图5-1）。随着时间的推迟，大部分帽子棉的种壳会自然退去，但影响真叶的长出，易形成病苗、弱苗和大小苗，从而影响群体质量，对群体调控不利。帽子棉在棉花生产中时有出现。

发生原因：①环境因素所致。土壤墒情差，0 ~ 20厘米土壤持

图5-1 “帽子棉”

水量＜50%，气温偏高的环境下，棉种发芽出土较快，种壳未及时退去。②播种质量所致。种子播种深度较浅（＜2厘米）、土壤压实不紧密，覆土厚度不足（＜1厘米），导致种壳吸水不足，伴随气温偏高，出现帽子棉的比例高。③播种的种子品质差所致。播种品质差的种子或出苗过快的品种，伴随上述原因，出现帽子棉比例高。

防治措施：①选用良种。选择种子成熟饱满、破籽率＜5%、含水量＜12%、发芽势强、发芽率＞85%的种子，播种前做好精选和晒种工作。②做好土壤准备。土壤准备做到“墒、松、碎、齐、平、净”六字标准。特别是做到“碎、平、墒”是减少帽子棉的基本要求。碎，做到土壤细碎（无直径2厘米以上的土块），质地疏松、排水良好、上实下虚；据此要适墒整地，做好耙、抹、切工作。

平，做到棉田边角整齐，地面平整，坡度<0.3%，有利于管理，防止灌溉不匀，有条件的可用激光平地机平地。墒，做到播种时土壤墒度良好。直播棉田的田间土壤持水量以略高于70%为宜，土壤湿度过低，不利于出全苗，湿度过高则易烂籽。据此要做好冬灌，或具备干播湿出的滴灌条件。③适期播种。适期播种有利于规避各种风险，做到苗全、苗匀、苗壮，防止大小苗、帽子棉等。西北内陆南疆棉区适宜播期为4月10～20日，北疆为4月15～25日，东疆为4月1～10日。④严格播种质量，控制好播种深度和覆土厚度。播种做到下种均匀、深浅一致，播种深度2～3厘米，沙性土壤播深3～4厘米。播种过浅，播种层土壤水分易丧失，影响出苗率，增加帽子棉比例；播种过深，温度低，顶土困难，出苗慢，消耗养分多，幼苗瘦弱，甚至引起烂子、烂芽而缺苗。覆土厚度以1～2厘米为宜，且铺膜要紧实，覆土要严实。铺膜质量要平、直、紧贴地面，保证铺膜时将塑膜展平拉紧，与地面紧贴，侧膜压埋紧实，并用碎土将膜的两边及两头盖严压实，既防治大风揭膜，又增温保墒，对减少帽子棉具有重要作用。⑤加强播种后至出苗期间的田间管理。播种后遇雨应及时进行耙地，破除板结，减少水分蒸发、抑制盐分上升。播种后气温持续偏低情况下，采取勤中耕办法，中耕深度10厘米左右为宜，起到增温保墒抑盐、减少帽子棉作用。

6. 棉花“大小苗”

症状表现：棉花“大小苗”主要指出苗后至现蕾期间，棉田中显著存在生长发育不同的棉株（图6-1）。包括不同高度的棉株、不同叶龄的棉株、壮旺弱苗并存的棉株等。大小苗棉花影响棉花生长整齐度，特别是中后期大小苗交互影响，使棉花群体结构、个体结构不合理，空株、弱株棉花比例升高，影响棉花总成铃数，也给棉花管理带来一定困难。

发生原因：①不利的气候条件。早春的低温、冷害、大风气候，导致棉花出苗率低、出苗不整齐。②土壤环境不利。土壤墒情差、盐碱重、耕性透气性差。③种子质量差。发芽率低、成熟度差、破

图6-1 棉花“大小苗”

籽率高、发芽势弱的种子出苗差异大。④播种和播后管理把控不严。播种深浅不一、覆土厚薄不一、膜孔覆土不严、地膜压埋不实，放苗补种不及时、低温雨后管理不到位等，都会导致出苗快慢差异。⑤苗期化控不及时。

防治措施：围绕一播全苗，苗全苗匀苗壮，抓好土壤准备、种子质量、播种、播后管理等环节的管理。①做好土壤准备，达到“碎、平、墒”基本要求。即土壤细碎（无直径2厘米以上的土块），质地疏松；棉田平整、边角整齐，坡度＜0.3%，做好基础灌溉（冬灌、春灌）或干播湿出，做好整地工作（适时适墒整地），做好耙、抹、切、施基肥、土壤封闭等工作，培肥地力，施好基肥，土壤持水量保证在70%左右。②选用质量好的种子。种子质量做到种子成熟饱满、破籽率＜3%～5%、含水量＜12%、发芽势强、发芽率＞95%、纯度＞95%。③适期播种。根据实时天气信息和物候确定播期。注意躲避不利气候过程，遇到低温、冷害、倒春寒、大风等灾害性气候过程，要停播、推迟播种。④严格播种质量。采用精量播种机，检查穴播器下种是否正常，播种机行走速度11千米/小时，深度一致，调节好覆土器，做到覆土均匀，膜孔覆土严实。⑤加强播后管理。播后在地膜上每隔5～10米压土防揭膜，播后7～10天开始观察出苗，查苗、放苗、对缺苗断垄及时补种。播后气温持续偏低情况下，采取勤中耕办法，提高地温，中耕深度10厘米左右为宜，播种后遇雨土壤板结或有杂草时，应及时破除板结、除草。苗期大小苗严重棉田，采用缩节胺调控，控大促小。叶面喷施缩节胺0.5 ～ 1克/亩*，每隔7天喷施一次，连续喷施2 ～ 3次。

7. 棉花僵苗

症状表现："僵苗"是指苗期棉花长时间僵而不发的棉花。主要表现为一段时间内主茎日增长量极小，几乎没有生长量，叶龄增长极慢，日出叶速度明显＜0.26片，叶色黑绿，茎杆细弱紫红色（图7-1）。

图7-1 棉花僵苗不发

发生原因：①不利的气候条件。如低温、冷害、倒春寒、大风。棉花幼苗生长的最低温度为16℃，温度＜16℃时，棉花生长受到严重抑制。②土壤黏重、板结、盐碱重。③次生盐渍化。对于盐碱偏重棉田，特别是北疆常年干播湿出棉田，0 ～ 20厘米土壤盐碱含量多，苗期遇雨水淋溶后，引发次生盐渍化。④土壤偏干，0 ～ 20厘米土壤持水量＜50%。苗期土壤水分以田间持水量的55% ～ 60%为宜，过少影响棉苗早发。⑤病虫危害。蓟马和苗病侵害，影响棉花生长。

防治措施：①及时用叶面肥、生长调节剂、激素、中耕等措施促调。一般每亩用尿素50 ～ 100克、磷酸二氢钾50 ～ 100克、

* 亩为非法定计量单位，1亩≈667米^2。余同。——编者注

赤霉素0.3克，兑水20升叶面喷施。中耕2 ～ 3次。②做好棉蓟马、地老虎、棉花烂根病和苗病的防治。③对土壤墒情差、僵苗严重棉田可视具体情况进行灌溉提苗。

8. 棉花“高脚苗”

症状表现：高脚苗一是指棉种萌动发芽出苗后子叶节偏高，子叶节高度＞7厘米（图8-1）；二是棉花幼苗生长阶段棉花生长偏旺，主茎生长快，主茎日增长量＞0.5厘米，生长量大，果枝始节高度＞30厘米的现象。

图8-1　棉花“高脚苗”

发生原因：①种子发芽、出苗和苗期阶段，气温偏高和土壤水肥充足导致生长过快过旺所致。出苗阶段，当气温＞20℃，土壤持水量＞65%时，容易造成出苗快、子叶节偏高。当气温＞25℃，土壤底墒充足的情况下，营养生长明显偏旺，主茎日增长量＞0.5厘米，导致第一果枝节位升高。②棉花化控不到位。没有及时采取缩节胺对生长进行控制。

防治措施：①及时定苗。出苗现行后定苗或一叶一心期定苗，避免定苗晚形成高脚苗。②做好化控。棉花现行、子叶展平后，亩喷施0.7 ~ 1.0克缩节胺，兑水15 ~ 20千克。随后在棉花生长的3期叶和5叶期，根据棉花主茎生长量和植株高度，株高分别＞7厘米和＞11厘米时，进行化控，亩喷施缩节胺1.5克，兑水15 ~ 20千克。

9. 棉花苗期旺苗

症状表现：表现为高脚苗（子叶节＞7厘米）、主茎日生长量＞0.45厘米、株高＞株宽，红茎比偏低＜0.4，主茎节间长度＞7厘米，现蕾时的株高＞30厘米，叶色淡绿，现蕾推迟（图9-1）。

图9-1 棉花苗期旺苗

发生原因：①气温偏高，平均气温＞25℃，温度过高往往使营养生长偏旺。②土壤湿度过大，0 ~ 20厘米土壤持水量＞65%，不利于根系下扎，导致地上部生长过旺。

防治措施：①根据叶龄进行化控。现行、子叶展平后，亩喷施缩节胺0.7 ~ 1.0克，兑水15 ~ 20千克。②中耕散墒。保持田间持水量在55%～65%，控上促下，控制地上部生长促进地下根系发育。

10. 棉花苗期弱苗

症状表现：表现为棉花生长缓慢，棉花僵苗不发，主茎日增长量＜0.4厘米，主茎叶龄日增长量＜0.15片，红茎比＞0.6，多头棉、破叶棉比例高，现蕾时株高＜20厘米，叶色暗绿（图10-1）。

发生原因：①不利的气候条件。如低温、冷害、倒春寒、大风。温度过低，低于棉花幼苗生长的最低温度16℃，造成棉苗长势弱，易发生病苗、死苗，也不利于花芽分化。②土壤黏重、板结、盐碱重。③病虫危害严重。④土壤偏干，0 ～ 20厘米土壤持水量＜50%。苗期土壤水分过少影响棉苗早发。

图10-1　棉花苗期弱苗

防治措施：①及时采用叶面肥、生长调节剂、激素、中耕等措施促调。一般用尿素、磷酸二氢钾、赤霉素等1 000 ～ 1 500倍液，喷施1 ～ 2次。中耕2 ～ 3次。缺锌棉田用0.1% ～ 0.3%硫酸锌溶液喷施。②做好棉蓟马、地老虎、棉花烂根病和苗病的防治。③保持田间土壤持水量在55% ～ 65%，根系活动层的土壤湿度以稍低为宜，这样有利于促进根系发展。

11. 棉花叶片黄化

症状表现：叶片黄花是棉花各种原因导致生长异常最多的表现，一般表现为叶片变黄、皱缩甚至脱落（图11-1）。

发生原因：导致黄化的机理不同，了解、区别、正确判断极为重要。生物胁迫往往通过病菌产生毒素堵塞破坏导管组织产生黄化，这种黄化最终导致叶片萎蔫干枯，而土壤缺素非生物胁迫导致的黄化一般不萎蔫。

防治措施：准确判断棉叶黄化的原因，根据其发生原因进行科学防治，如对于缺素引起的棉叶黄化，可叶面喷施0.2% ～ 0.5%的尿素水溶液或叶面喷施全营养液；对于枯萎病引起的棉叶黄化，可叶面喷施磷酸二氢钾，或根部灌施棉枯净、DD混剂等。

图11-1　棉花叶片黄化

12. 棉花茎及生长点生长异常

症状表现：表现为各生育期生长过快或过慢、生长量过大或过小、植株过高或过矮，呈现出的是棉花生长不稳健，生长偏旺或偏弱如棉花缩头不发及多头棉（图12-1）。主茎顶芽生长加速或过慢，

图12-1　棉花缩头不发及多头棉

主茎节间伸长或紧缩，株高增长过快或过慢。苗期茎的生长异常为主茎日生长量＞0.5厘米或＜0.35厘米，蕾期茎的生长异常为主茎日生长量＞1.5厘米或＜1.0厘米，花铃期茎的生长异常为主茎日生长量＞1.5厘米或＜1.5厘米，株高＞90厘米或＜55厘米，节间长度＞7厘米或＜3厘米，高效叶少。

发生原因：主要是不利的环境条件和技术调控措施失调不到位，导致的棉花地上生长与地下生长失调、生殖生长与营养生长失调所致。过高的气温、降雨、土壤墒度、肥水投入或过低的气温、干旱、盐碱、肥水不足、病虫危害及不合理的化调等都会导致茎生长的异常。缺钙往往抑制茎尖的生长，表现为棉株顶芽幼嫩部位生长受阻，节间缩短，植株矮小。

防治措施：①采取以促或控制茎生长的措施。重点针对苗期和蕾期两个茎生长最敏感的时期进行调控。苗期促僵防旺长，促下控上，蕾期协调生殖生长与营养生长。②科学地做好病虫害防治、安全用药、叶面调控、及时中耕、合理灌溉、适期播种等农艺措施，规避不利气候，为茎稳健生长创造良好环境。③明显缺钙棉田补施钙肥。

13. 棉花蕾期营养生长不足

症状表现：棉株过于矮小（开花时株高＜40厘米），小行不封行，叶色暗绿（图13-1）。蕾期土壤田间持水量过少＜65%，土壤过于板结，抑制发棵，延迟现蕾。趋光性差、午后傍晚棉花叶片张力恢复慢、棉田土壤持水量＜65%、棉花节间紧缩、生长点出现蕾包叶状态。

图13-1 棉花蕾期营养生长不足

发生原因：土壤墒度差（棉田土壤持水量＜65%）、肥力低、土壤质地黏重板结、土壤盐碱重、土壤次生盐渍化、土壤病菌等土壤障害是导致蕾期棉花营养生长慢、发棵小、苗架小的主要原因。蕾期阶段光照不足，丰产架子搭不好。

防治措施：以促为主。①提早灌水追肥，头水提早到6月上中旬（盛蕾期），头水强度20～25米^3/亩，追施尿素5～8千克/亩，也可亩追施磷酸二铵10千克。②采取叶面调控。利用尿素、喷施宝等水溶液进行叶面喷施，以促进棉花生长，搭好丰产架子。

14. 棉花蕾期生长过旺

症状表现：现蕾推迟、蕾少、蕾小。盛蕾期株高＞50厘米，节间长度＞7厘米，开花晚（7月初开花），叶色淡绿鲜嫩，叶面积指数过大（＞1.5），棉花小行完全封行（图14-1）。

图14-1　棉花蕾期生长过旺

发生原因：高温、高湿（田间持水量85%）、土壤肥力高、地下水位高及化控不及时管理失调等是引发蕾期棉花营养生长过旺、植株高大徒长、株间郁闭、通风透光不良的主要原因。

防治措施：以控为主。①做好化学调控（化控）。亩喷施缩节胺等1.5～2克，兑水15升，喷施2～3次。②棉田推迟，至开花期浇水，滴水前亩喷施缩节胺2克，头水强度以少为原则（15～20米^3/亩）。③头水前，根据土壤墒情和棉花旺长程度，适时提早揭膜。

15. 棉花蕾、花生长异常

症状表现：①蕾脱落严重，蕾脱落率＞80%。②现蕾明显延迟，蕾期推迟到6月，出蕾速度慢，日现蕾数＜0.2个，蕾数明显减少，单株平均有效蕾数低于10 ～ 15个。③干蕾多（图15-1）。④蕾花器官出现变异。除苞叶外，花的外形显著缩小，尤其是花瓣的长度超不过棉花的苞叶，花丝不伸长，花药变小而不开裂，柱头不能伸出雄蕊群。严重的花蕾不开放，花粉粒吸水破胀，丧失受精能力（图15-2）。⑤开花晚、开花进程慢。新疆8月初棉花花位处于中部。⑥6月下旬至7月上旬为新疆棉花蕾脱落高峰期。

图15-1　棉花干蕾多

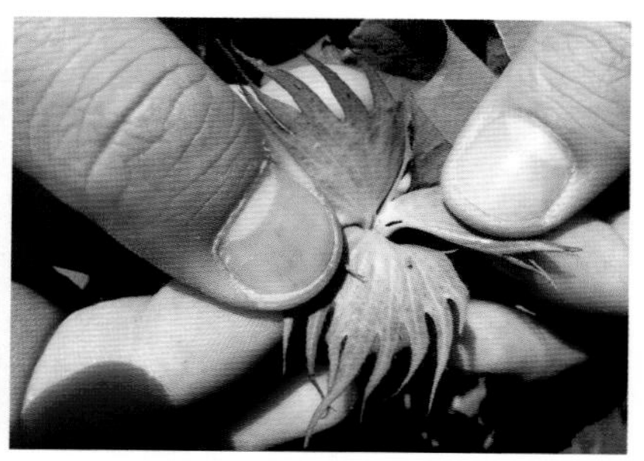

图15-2　棉花蕾发育畸形

15-3　棉花花发育异常

发生原因：①高温和低温危害。高温和低温都会使蕾花生长异常。温度低于20℃或高于38℃，会造成花粉活力降低，导致败育或受精不完全，脱落增加，干蕾增多。低温使花器官发生变异。如果花蕾在开花前连续几天遭受低温，除苞叶外，花的外形将显著缩小，尤其是花瓣的长度超不过棉花的苞叶，花丝不伸长，花药变小而不开裂，柱头不能伸出雄蕊群。如果气温下降到14.5℃以下，即使是长足的花蕾，也不能正常开放。②雨水过多。开花时雨水过多，花粉粒吸水破胀，丧失受精能力，导致蕾铃脱落。③光照不足。棉花是喜光作物，棉叶的光补偿点和光饱和点高于其他作物，光补偿点为1 000 ～ 2 000勒克斯，棉花光饱和点高达70 000 ～ 80 000勒克斯。棉花生长中，由于棉叶层层交替，相互遮阴，或阴雨多，导致棉花群体内光照远远低于光饱和点甚至光补偿点，群体的净光合强度下降，从而抑制器官形成，造成蕾脱落。④病虫害危害。棉铃虫、棉盲蝽、棉蚜虫、棉蓟马危害。⑤管理失调。田间土壤持水量过大或过低、群体过大、贪青晚熟、早衰等。

防治措施：①采取以促早为主的管理调控措施。②采取规避不利气候的关键技术措施。③做好病虫害防治。④按照蕾花铃需水、需肥规律合理肥水运筹，提高技术措施的到位率和标准化。⑤加强6月下旬至7月上旬蕾脱落高峰的综合农艺措施调控，构建通风透光的高光效棉花群体结构。

16. 棉花叶片萎蔫

症状表现：棉花叶片萎蔫是指棉花生长中出现不同程度叶片萎蔫的症状（图16-1）。有的持续时间长、有的持续时间短，有的可恢复、有的不能恢复。

发生原因：①土壤持水量不足。②病虫危害或湿度过大引起的根腐，运输组织受损。③植株缺铜、硼、钙会使根系生长停止。④雨后次生盐渍化引起的假旱。⑤高温天气过于强烈的蒸腾蒸发。⑥盐害或施肥过多所致。土壤电导度EC值高且硝态氮多时，发生施肥过多引起的浓度障碍导致的棉花生长异常可能性大；土壤电导度EC值高硝态氮少而氯离子高时，可能是盐害；如果硝态氮和氯离子都低而硫酸根高时可能为酸性土壤危害。

防治措施：①改良土壤。通过冬灌春灌压盐洗盐，通过盐碱改良剂及其他生物工程改良土壤盐碱。②合理灌溉。③合理施肥。④做好枯黄萎病防治。

图16-1　棉花叶片萎蔫

17. 棉花花铃期旺长

症状表现：一般表现为株高过高(90厘米以上)，群体过大，棉花大行过早封行，底部没有可见光斑，中下部棉铃、果枝叶受光差，棉花营养器官过嫩，株顶过嫩、枝叶繁茂、叶片肥大、叶色鲜嫩、顶芽绿嫩，花位低，7月中旬花位还在下部，8月中旬还未断花。叶面积指数＞4.0，油条赘芽多，田间郁闭，通风透光差。棉铃脱落严重，蕾、花、铃少，伴随贪青晚熟，发育进程慢，生长势过强等。铃病多，群体光合能力弱、耐密性差（图17-1）。

图17-1　棉花花铃期旺长棉株

发生原因：有单一因素，更多是多种因素综合作用导致棉花营养生长与生殖生长平衡，棉株茎、枝、叶、顶端生长点等器官出现过度生长结果。①技术原因。没有按照棉花栽培技术规程合理进行肥水、化学、机械物理（揭膜打顶中耕）调控，肥水、化学、机械物理调控的时间强度失调，肥水投入太大。②光照不足。连续阴雨寡照天气和棉田群体过大导致的棉田通风透光差。

防治措施：根据土壤持水量、天气、棉花长势长相有针对性地进行肥水化学调控。旺长棉田，采取以控为主、稳水、稳肥、稳化控为特征的组合调控措施，及时采取化控、水控、肥控、机械物理调控，减少滴灌频次、降低滴灌强度和施肥强度，滴灌追肥间隔周期由7～10天调整为10～15天，亩滴灌量20～30米^3，亩追施滴灌肥3～5千克。同时做好化控，亩喷施缩节胺5～10克，控制枝尖生长，特别是在8月上旬的断花期，塑造合理群体结构，保障叶面积指数（LAI）逐渐回落，合理分配干物质，促进棉株生长中心由源向库的转移，提高同化物利用率，避免技术强度过强造成的营养旺、结构大、通风透光差等问题。

18. 棉花花铃期早衰

症状表现：表现为株高过矮（<60厘米），群体过小，叶面积指数<3.0，棉花大行裸露，营养器官过老，顶端生长过早受抑制或停止，枝短叶衰、叶色灰暗，发育进程快，7月中旬花位已到上部，7月底断花，蕾花铃脱落重（图18-1，图18-2）。

发生原因：①技术原因。没有按照棉花栽培技术规程合理进行肥水、化学、机械物理（揭膜打顶中耕）调控，肥水、化学、机械物理调控的时间强度失调，肥水投入不及时强度不足，化控次数过频强度过高。②不利的土壤环境。土壤肥力低、干旱，土壤0～50厘米土壤湿度长期小于田间持水量的65%。③病虫危害。枯黄萎病、红蜘蛛等危害。④棉花缺素引起。

防治措施：早衰棉田和正常棉田一样采取以重水、重肥、重化控为特征的技术调控措施，满足花铃期棉花对肥水的大量需求。

①土壤持水量保持在70%～80%，一般每7～10天滴灌一次，滴水20～30米^3/亩，追施棉花专用肥5～8千克/亩。②注意增施磷钾肥，稳施氮肥。由于磷在土壤中流动性差，加之利用率低下，因此，磷肥施用对防治棉花早衰也极其重要。中后期加施硼锌微肥，同时做好叶面调控，叶面喷施磷酸二氢钾，塑造合理群体结构、保障叶面积指数和叶功能 回落下降慢，增加干物质积累，延缓衰老。③做好病虫害防治。尤其是棉铃虫、红蜘蛛、铃病的防治。

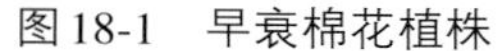

图18-1 早衰棉花植株

图18-2 早衰棉花田

19.“假大空”棉花

症状表现：“假大空”棉花主要指棉花生长中出现的营养生长与生殖生长发育失调，营养生长旺盛，植株高大（新疆株高＞90厘米），每个生长发育阶段的株高超出正常水平，枝繁叶茂，果枝长度偏长，叶面积指数偏大，现蕾、开花、成铃少（单株成铃不足4个），空果枝、空果节率高，枝载铃＜0.5个，节载铃＜0.25个，群体光合质量差、耐密性差，蕾花铃大量脱落的棉花。棉花生产中时有“假大空”棉花出现，对产量影响较大（图19-1）。

图19-1 “假大空”棉株

发生原因：主要是环境、技术和人为管理失控导致。①土壤肥水充足。地力足、土壤保水能力强、地下水位高、土壤持水量大的棉田易导致假大空棉花的发生，此类棉田肥水化学管理要以控为主。②管理失误。肥水、化控、中耕打顶揭膜等机械物理调控措施失误，没有按技术规程管理棉花。当棉花生长已出现营养生长偏旺时，肥水投入仍过多、次数过频，化控的频次少、强度低，打顶晚，没有及时采取水控、肥控、化控、中耕打顶揭膜等机械物理控制技术。③病虫危害。在棉花生长的盛蕾和花铃期间，因棉花枯黄萎病、棉盲蝽、棉铃虫和棉蓟马的大发生，加之病虫害防控不到位，导致棉花蕾花铃的大量脱落而形成“假大空”。④不育株。种子中掺杂一些不育株，不育株因为花粉不育导致无法受精，造成棉株不能成铃而形成的“假大空”。

防治措施：①对于旺长棉田，应采取以控为主的措施，及时采取化控、水控、肥控、机械物理调控，提高以控为主的技术措施到位率。苗期表现旺长，主茎日生长量＞0.45厘米、株高＞株宽时，及时进行化控，亩喷施缩节胺1.0克，兑水15 ～ 20千克。蕾花期表现旺长、生殖与营养失调棉田（盛蕾期株高＞60厘米、主茎日增长量＞2厘米），逐渐增加化调的强度，亩喷施缩节胺2 ～ 5克，在此基础上，推迟浇水，减少滴灌频次，降低滴灌强度，亩滴灌量控制在20 ～ 25米^3，必要时可以提早揭膜，并做到适时早打顶，在7月初打顶完毕。后期生长偏旺棉田，适时早停水，必要的打群尖推株并拢，以控制旺长，协调生殖与营养生长和冠层结构，减少落蕾落花落铃。②加强盛蕾和花铃期的病虫害综合防治。在棉花盛蕾期重点加强盲蝽的防治（见“74.棉盲蝽危害”），花铃期加强棉铃虫的防治（见“71.棉铃虫危害”），后期加强花蓟马的防治（见“73.棉蓟马危害”）。③加强三系杂交种的管理。防止制种中出现不育系种子。

20. 棉花根生长异常

症状表现：一般表现为：①根系生长慢。种子萌发到出苗根系日生长量＜0.5厘米，出苗到现蕾＜1厘米。蕾期为根系生长盛期，主根日生长量＜1.5厘米。花铃期为根系吸收高峰期，主根日生长量＜0.5厘米。②根系吸收功能明显下降并衰亡。③根系晚发，一级侧根发生晚，根数少，且各级侧根和根毛的活力、再生能力弱，根系下扎浅。④根尖死亡，根腐烂，根畸形等（图20-1）。

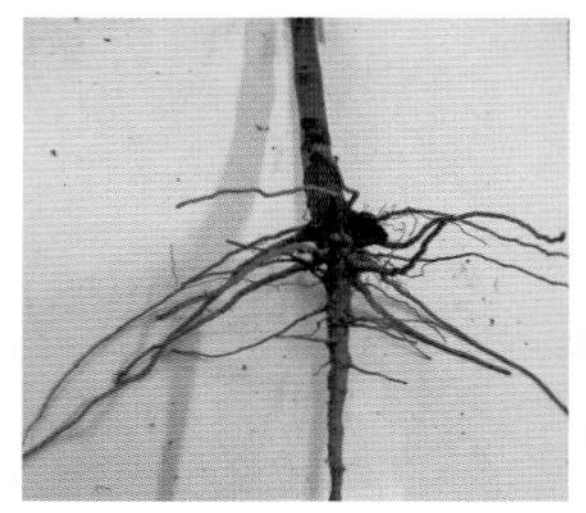
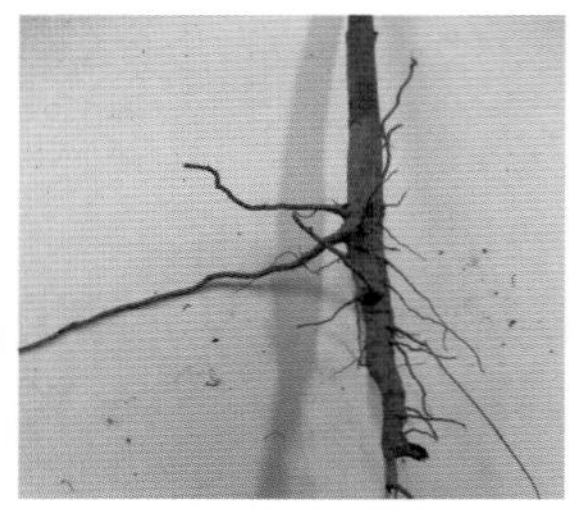
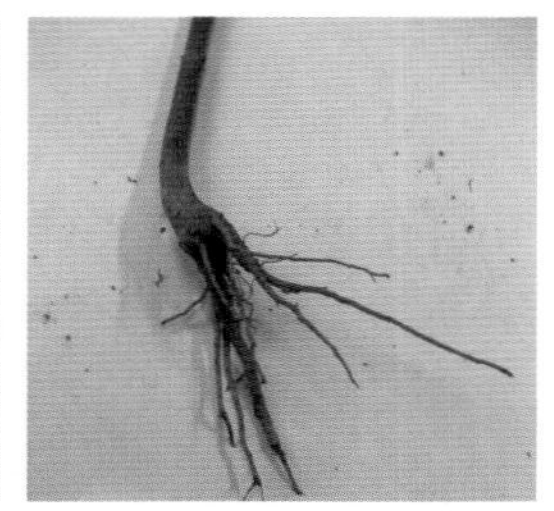

图20-1　棉花正常根（左）、侧根发育少（中）及畸形根（右）

发生原因：①温度低，抑制根的生长。如幼苗时期，棉苗根际地温降到14.5℃时，根系就会停止生长。棉花种子发芽后，如果温度下降到10℃以下，就会发生低温冷害，初生的幼根会发生碳水化合物和氨基酸外渗，导致皮层崩溃、根尖死亡，即使随后温度回升，也只能在下胚轴基部生出次生根。②土壤过湿或过干。苗期和蕾期，根系活动层的土壤湿度以稍低为宜，这样有利于促进根系发展，分别要求田间持水量控制在55%～65%和60%～70%。当苗期土壤持水量＜50%或＞65%时，蕾期土壤持水量＜60%或＞70%时，都使根系发育受阻，导致根系发育异常，不利于合理根系的形成。③土壤透气性差。黏重板结的土壤透气性差，影响根呼吸，不利于根系下扎。④逆境危害。病虫害、肥害、涝害、盐害、次生盐渍化导致根腐烂死亡等。⑤缺钙。缺钙往往抑制根尖生长，表现根系发育不良，根少色褐，茎和根尖的分生组织受到损坏，严重时腐烂死亡。

防治措施：采取以促根为主的综合农艺措施。①在棉花根系生长发育的两个关键时期——苗期和蕾期，重点采取蹲苗措施、控上促下措施。在棉花不旱的情况下，推迟浇头水和用缩节胺控制地上部生长，以促进根系的发育。②防止土壤过分干燥或过湿。根据棉花需水规律，保持棉花生长发育各阶段棉田土壤持水量保持在适宜水平。苗期棉田土壤持水量保持在55%～60%为宜，蕾期棉田土壤持水量保持在60%～70%为宜，花铃期棉田土壤持水量保持在70%～80%为宜，后期至吐絮期棉田土壤持水量保持在55%～60%为宜。③雨后或黏重土壤适时中耕提高土壤透气性，促根生长下扎。④防控好棉花病虫害、肥害、涝害、盐害、次生盐渍化。⑤明显缺钙棉田补施钙肥。

21. 棉花枝节生长异常

症状表现：①果枝数和果节数少，果枝数＜6台，果节数＜10个（图21-1）。②出枝出节慢，第一果枝形成推迟到6月5日左右。③果枝过长＞30厘米（图21-2）。④本应形成果枝的腋芽发育形成了叶枝芽。⑤枝尖生长期偏长。

图21-1　枝节生长异常棉株

发生原因：主要受气候和栽培措施的影响。①棉花果枝芽的形成，受生态环境和栽培措施的影响很大。在日平均温度为19～20℃以上（夜间温度影响更大），日照时数8～12小时，水、肥（氮、磷、钾）供给合理，棉株体内合成的糖类和蛋白质多，非蛋白质氮积累较少时，则有利于腋芽较早较快发育为果枝芽。当日平均温度低于19℃，阴雨天多，光照不足，水和氮过多，棉株吸氮比例过大，合成糖类少、非蛋白质氮积累较多时，不利于腋芽较早较快发育为果枝芽，导致出枝出节慢，果枝数少，甚至腋芽可能形成叶枝芽。②枝尖的生长也受生态环境和栽培管理的影响。肥水过多、光照不足、化控不到位，导致枝尖生长优势强，枝尖生长时间延长，使得果枝果节偏长。

图21-2 枝节过短（左）、适宜（中）、过长（右）棉株比较

防治措施：①严把蕾期至初花期的肥水调控。在棉花枝节生长的关键时期（5月下旬至7月上旬），严把肥水调控的时间和强度，防止过早过多的肥水投入，头水时间控制在盛蕾至见花，根据土壤肥力和棉花长势，肥力足棉花长势旺的棉田，头水不带肥，水量以轻为原则，亩滴灌20米^{3}左右。滴灌肥控制氮肥比例。②在6月下旬至7月上旬适时进行缩节胺调控，亩喷施缩节胺3 ～ 5克，控制枝尖生长。③根据枝到（8 ～ 9台果枝）不等时、时到（7月10日）不等枝、高到（90厘米）均不等原则，适时打顶。

22. 棉花“疯长”

症状表现：“疯长”（徒长）是指棉花营养生长与生殖生长失去平衡，棉株茎、枝、叶、顶端生长点等器官出现过度生长，主茎顶芽生长加速，主茎节间伸长，株高增长加快，而蕾、花、铃明显减少的现象。徒长的棉花群体结构通风透光差，铃叶受光量差，最大叶面积时群体底部没有光斑，或光斑面积＜5%。盛花、盛铃期透光系数下降快而大，透光系数小于0.3 ～ 0.4；盛花期冠层光截获率＞60%，中层＞30%，下层＞17%。盛铃期冠层光截获率上层＞63%，中层＞30%，下层＞21%（图22-1）。

发生原因：①技术原因。没有按照棉花栽培技术规程合理进行

图22-1 “疯长”棉花

肥水、化学、机械物理调控，导致棉花肥水、化学、机械物理调控措施失调所致。②光照不足。特别是新疆高密度种植，光照往往难以满足棉花的需要引发疯长徒长，疯长徒长棉田，封行过早，中、下层叶片光照条件恶化，部分棉叶经常处于光补偿带点附近，以致难以发挥应有的作用。

防控措施：①通过各种措施，控制营养生长。应依据不同时期棉花生长发育合理动态指标，有针对性地采取水控、肥控、化控和早打顶、打群尖等措施。对旺长棉田应适时推迟浇水，水量要小，灌水量50～60米^3/亩，打顶并注意打群尖、打两叶一心或摘除最上部一个节间。棉株徒长常出现在现蕾前后至开花初期，该时期要特别注意控制。②协调营养生长与生殖生长的关系，加快生殖进程。协调方法包括：蹲苗、推迟第一水灌溉时间、系统化控、水控（减少灌水量、延长灌水间隔）、肥控（减少肥料用量、氮肥用量）、深中耕、早揭膜、重打顶、整枝等都是协调棉花营养生长与生殖生长的关系，加快生殖进程的“对症”技术。③塑造合理群体冠层结构。通过打顶、整枝、化控、水控、肥控等综合技术，塑造合理棉花群体结构，防止棉花疯长造成的田间通风差、郁闭、蕾铃脱落重、烂铃等问题发生。④抓好对症技术。其中合理施肥、蹲苗、推迟第一水灌溉时间、系统化控、深中耕、早揭膜、重打顶、整枝等都是防止棉花徒长的“对症”技术。⑤改善棉田通风透光条件。调节棉花发育进程、叶面积指数高峰期与新疆6～8月高能富照期同步，使棉田中层叶片的受光强度达到自然光强的15%～35%，下层叶片受光强度保持在5%以上，避免过分郁闭而加重棉株中、下部蕾铃脱落。实现“推迟封行，带桃封行，下封上不封，中间一条缝”，提高光合生产率。

23. 棉花吐絮期早衰

症状表现：植株矮小，叶片褪绿或出现红叶或叶片过早枯萎或有病斑，棉花光合速率明显下降，营养器官衰老，出现二次生长，8月下旬过早吐絮等（图23-1）。

图23-1 吐絮期早衰棉株

发生原因：①土壤持水量过低<60%，环境干燥，肥力低后劲不足，加重早衰，影响棉籽正常发育。②土壤缺素。如缺钾等。③病虫危害。铃病、秋蚜、棉铃虫、蓟马等。

防控措施：采取以促为主的调控技术。①肥水促调技术。保障8月中旬后的灌溉、追肥。停水时间至8月底或9月初，增施磷钾肥和硼锌微肥，稳施氮肥。②叶面肥促调技术。喷施叶面肥，每亩用150～200克尿素或磷酸二氢钾，兑水15千克叶面肥喷施，每隔7～10天喷施一次，连续喷施2～3次，可起到增铃重、提高衣分和品质的效果。③有针对性防治铃病，喷施杀菌剂和药剂。④各种措施做到早促。要及时高效，不要拖延。

24. 棉花吐絮期贪青晚熟

症状表现：晚秋桃比例高，铃期长（铃期延长到60 ～ 70天，甚至更长），棉铃开裂吐絮慢，吐絮不畅，无效铃比例高。北疆9月初未见吐絮，南疆9月中旬未见吐絮，棉花群体过大，群体叶面积光合速率回落下降缓慢，田间郁闭，赘芽多，侧枝还在开花，营养器官偏嫩等。

图24-1　贪青晚熟棉田

图24-2　贪青晚熟棉铃，俗称"水蜜桃"

发生原因：①低温寡照多阴雨的不利气候条件。当日平均气温低于16℃纤维停止生长，日平均气温低于21℃纤维素淀积加厚趋于停滞、纤维素在棉纤维中的淀积和油脂在种胚中积累发生障碍，晚秋桃生长就受到抑制，表现为铃期长、吐絮慢、吐絮不畅、铃重轻。当出现日平均温度＜10℃的天气，棉株就会停止生长。吐絮期棉花需要较多的日照时数，较强的光照强度，较高的空气温度和株间温度，较低的大气和棉田空气湿度。相反，连阴雨、寡照、温度低、棉花群体大、株间光照差、田间土壤持水量大、湿度高等都不利于加速碳水化合物的形成、积累和转移，也不利于促进脂肪和纤维素的形成、积累及铃壳干燥开裂吐絮。新疆9月中下旬经常出现的低温冷害，中后期经常出现的田间郁闭湿度较大透光差，都是延迟吐絮、吐絮不畅易烂桃的主要原因。②停水晚、地力强、肥水投入足、化控强度不够导致的群体叶面积指数回落慢、光合速率下降慢、叶功能期长、叶色褪绿慢，造成棉花贪青晚熟。

防控措施：采取以控为主的调控技术。①机械物理控制技术。通过人工整枝，去除侧枝、二次生长的枝叶赘芽，也可采取推株并拢等办法。②化学控制技术。采取化控、乙烯利、脱落宝等催熟脱叶技术。③肥水控制技术。根据贪青晚熟程度，调整停水停肥时间、低肥水投入强度和肥料配比。一般8月下旬停水停肥，或后两次滴灌量控制在15米^3/亩左右，降低田间湿度，增加田间光照，宁干勿湿；肥料投入以磷钾肥为主，最后一水不滴肥。④遵照使用说明正确喷施乙烯利和脱叶剂，可使棉铃提前7 ～ 10天吐絮，促进增产。⑤各种技术做到早控。要及时有效，不要拖延。

25. 棉花无效铃

症状表现：主要指不能正常自然成熟开裂吐絮的棉铃。无效铃是新疆棉田时常出现的一种现象，在北疆棉区、超高产棉田容易出现（图25-1）。

图25-1　棉花无效铃

发生原因：①后期光温不足、9月低温冷害、初霜过早导致。日平均气温低于16℃纤维停止生长，日平均温度降到10℃以下棉株停止生长，气温低于21℃，纤维素淀积加厚趋于停滞，10月中旬下初霜，会使纤维素在棉纤维中的淀积和油脂在种胚中积累发生障碍，棉铃正常发育受阻而出现无效铃。②因播期晚、发育进程严重推迟引发的开花结铃晚。新疆8月15日以后开花坐铃的棉花，很容易形成无效铃。③品种过于晚熟。南疆种植生育期＞145天的品种，北疆种植生育期＞135天的品种，易产生一定比例无效铃。④栽培管理失误导致棉花生长发育推迟或贪青晚熟的棉田易出现无效铃。⑤铃期积温严重亏缺的棉田。棉花从开花到吐絮，大体需要1 350 ～ 1 450℃活动积温。也就是说开花结铃期日平均气温在25 ～ 30℃时，铃期50天左右；当气温降到15 ～ 25℃时铃期延长到70天以上。若开花期日平均气温降到22℃以下，霜前活动积温不足700℃，即使结铃也往往成为无效铃。

防治措施：①选用早熟品种。南疆种植品种生育期125 ～ 135天，北疆种植品种生育期125天左右，且伏前桃伏桃占比90%以上，吐絮集中的品种。②采取以促早熟为主的综合栽培措施，把好断蕾、断花期。通过水肥控制、化学控制、打顶中耕揭膜等栽培管理措施控制或清除无效蕾和无效花。把6月底作为断蕾期、8月初作为断花期。③防止铃期和后期棉花旺长贪青晚熟。及时停水停肥、及时喷洒脱叶催熟剂。

26. 棉花畸形铃

症状表现：畸形铃指形状不规则的棉铃。正常情况下棉铃的铃型为圆形、卵圆形、锥形。畸形棉铃大多表现为铃面不饱满、心室空瘪、铃壳凹陷或铃壳膨胀的棉铃（图26-1）。

图26-1　棉花畸形铃

发生原因：主要原因是棉花

从花芽分化期至现蕾开花坐铃的生殖发育阶段遭受障害，导致某一心室中胎座上无种子或种子少形成空瘪畸形棉铃。①光照不足所致。棉花是喜光作物，棉花对光照的需求既严格又敏感。棉叶的光补偿点和光饱和点高于其他作物，光补偿点为1 000 ～ 2 000勒克斯，棉花光饱和点高达7万～ 8万勒克斯。棉花生长中，由于棉叶层层交替，相互遮阴，或阴雨多，导致棉花群体内光照远远低于光饱和点甚至光补偿点，群体的净光合强度下降，从而抑制器官形成，形成畸形铃。②棉铃生长期间遇到高温或低温导致的授粉受精障碍。当气温≥33℃持续5天以上或气温≤12℃时，均能造成花粉活力下降，不利于正常开花授粉。棉铃中棉籽粒数减少和结实比例下降，造成畸形铃。③种植密度过大或株行配置不合理导致的株间光照不足引发的光合障害，胎座发育不良，引发畸形铃。④枯黄萎病害导致的输导组织维管束堵塞引发的营养障害。⑤花期各种药剂调节剂对花粉授粉受精的影响。

防治措施：①采取综合调控措施为棉花生长创造有利的光照条件。调节棉花发育进程，使棉铃成铃高峰期与新疆6 ～ 8月高能富照期同步，以提高光合生产率。调控棉花冠层结构、改善棉田通风条件，实现“推迟封行，带桃封行，下封上不封，中间一条缝”的要求，使棉田中层叶片的受光强度达到自然光强的15%～ 35%，下层叶片受光强度保持在5%以上。调控肥水供应、合理化控等措施，以求降低棉叶光补偿点，并提高其光饱和点，这样就能更好更经济有效地利用光能。②调节棉花发育进程，最大程度避开高温期。③采取“肥水温”三碰头调控措施，降低高温对棉铃发育的影响。④合理密植，合理安排药剂喷洒时间，改善棉田环境，减少药剂对棉花授粉受精影响。⑤选用耐高温抗病的棉花品种。

27. 棉花烂铃

症状表现：烂铃是指棉铃生长发育中出现霉烂的棉铃。烂铃表现症状有多种（图27-1）。①幼铃腐烂脱落。②棉铃1 ～ 2个铃室腐烂，也有整个棉铃腐烂。一般从青铃的基部、铃缝和铃尖等部位开始，逐渐霉烂。也有发病的棉铃，铃尖或全铃变成紫红色，剥开病铃，里边湿腐变软，发展很快，最后整个棉铃湿腐霉烂。

图27-1　棉花烂铃

发生原因：引发棉花烂铃的原因有多种。其中60%以上是由病虫危害引起。①主要由各种铃病的引发。曲霉病、角斑病、疫病、棉铃红腐病、软腐病等都可导致烂铃产生，有直接侵害棉铃产生（如角斑病、疫病和黑果病等），也有伤口侵染产生（如红腐病等）。具体引发烂铃的原因见各铃病。②棉铃虫危害。主要是2 ～ 3代棉铃虫幼虫危害蕾、花、铃。③棉田湿度大、通风透光差。阴雨寡照气候和郁闭、通风透光差的群体结构，为病菌的滋生侵害侵染提供了条件。棉花对光照的需求既严格又敏感，光照不足会抑制器官形成，不仅造成蕾、铃脱落，而且引发烂铃产生。

防治措施：①加强棉花铃期的虫害防治工作。降低病菌和虫口密度，减少虫口伤害，减少病菌的侵染途径极为重要。根据虫害发生趋势，一般8月上旬开始喷药，可选用50%多菌灵可湿性粉剂800倍液、75%百菌清可湿性粉剂500倍液、70%甲基硫菌灵或70%代森锰锌等可湿性粉剂400 ～ 500倍液喷雾防治。每隔4 ～ 5天喷一次，连续3 ～ 4次。②加强棉花铃期的群体调控和湿度控制。通过各种综合农艺措施，塑造通风透光的群体结构。具体调控措施见棉花铃期生长异常调控。

28. 棉花僵铃

症状表现：僵铃指棉铃铃壳褐化、变黑、变干、变硬、不能正常开裂吐絮的棉铃（图28-1）。一般从青铃的基部、铃裂缝和铃尖等部位开始，逐渐变褐变黑变干变硬。也有全铃变软，铃壳变成黑褐色，然后整个铃面僵硬，病铃僵缩在果枝上不脱落，也不开裂吐絮。还有发病的棉铃，铃尖或全铃变成紫红色，病铃内部很快湿腐变软，最后整个棉铃干缩。

图28-1 棉花僵铃

发生原因：①各种铃病引发。棉花曲霉病、角斑病、疫病、红腐病、黑果病、灰霉病、软腐病等都可导致僵铃产生。有直接侵害棉铃产生（如角斑病、疫病和黑果病等），也有伤口侵染产生（如红腐病等），具体引发僵铃的原因见各铃病。②棉田缺素引发。缺硼会导致棉铃产生龟裂及木栓化。

防治措施：重点是加强棉花铃期的虫害防治工作。降低病菌和虫口密度，减少虫口伤害和病菌的侵染途径极为重要。①根据虫害发生趋势，一般8月上旬开始喷药，可选用50%多菌灵可湿性粉剂

800倍液、75%百菌清可湿性粉剂500倍液、70%甲基硫菌灵或70%代森锰锌等可湿性粉剂400 ~ 500倍液喷雾防治。每隔4 ~ 5天喷一次，连续3 ~ 4次。②加强棉花花铃期硼肥的投入。

29. 棉花僵瓣

症状表现：僵瓣指吐絮不正常的棉瓣。一般表现为一个或几个铃室败育没有种子，吐絮棉瓣大多为不孕籽，棉瓣中的纤维成熟差、纤维变褐、只有少量短纤维的棉瓣（图29-1）。也有铃变软，铃壳变成黑褐色，吐絮时棉絮成灰黑色僵瓣。

发生原因：①病虫害引发。铃病是导致棉花僵瓣发生的主要原因，其中棉铃红腐病、红粉病、黑果病都可引发僵瓣。棉花枯黄萎病也可引发僵瓣，枯黄萎病重的棉田，僵瓣棉比例明显增高；棉铃虫等虫害也可引发棉花僵瓣发生。②光温不足。棉花对光照的需求既严格又敏感。光照不足会抑制器官形成，不仅造成蕾、铃脱落，而且引发僵瓣产生。当气温≥35℃持续5天以上或气温连续多日≤12℃时，就会对幼铃的生长发育产生不利影响导致僵瓣棉比例增加。种植密度高、群体通风透光差的棉田，僵瓣棉花比例也高。③品种原因。对环境敏感的品种，僵瓣棉比例高。

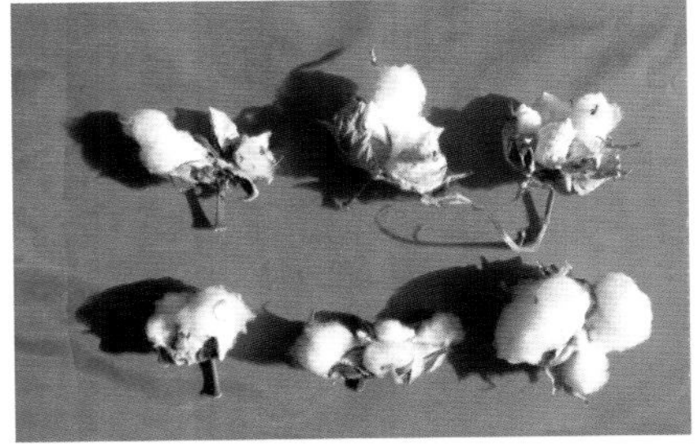

图29-1　棉花僵瓣

防治措施：①选用耐密性好、铃系质量好的品种。②加强棉花铃期的虫害防治工作。降低病菌和虫口密度，减少虫口伤害，减少病菌的侵染途径极为重要。根据虫害发生趋势，一般8月上旬开始喷药，可选用50%多菌灵可湿性粉剂800倍液、75%百菌清可湿性粉剂500倍液、70%甲基硫菌灵或70%代森锰锌等可湿性粉剂400 ~ 500倍液喷雾防治。每隔4 ~ 5天喷一次，连续3 ~ 4次。③加强棉花铃期的群体调控和湿度控制。通过各种综合农艺措施，塑造通风透光的群体结构。

30. 棉铃种子数异常

症状表现：主要指棉铃中每铃室种子数显著低于9粒种子的现象。正常情况下棉铃中每铃室中的种子数应为9个，以6 ~ 7个居多，但实际生产中经常出现铃室中种子数只有3 ~ 6个的现象，有的铃室甚至一个种子也没有（图30-1）。

种子数3　种子数5　种子数8　种子数9

图30-1　铃室种子数异常

发生原因：①温度原因。棉铃生长发育期间遇到高温或低温，都会影响种子的形成。当气温≥35℃持续5天以上或气温连续多日≤12℃时，均能造成花粉活力下降，不利于正常开花授粉，就会造成棉铃中棉籽粒数减少和结实比例的下降，主要是增加了秕籽数，减少了棉瓣中种子数。②光照不足。如阴雨寡照，种植密度过大或株行配置不合理导致的株间光照不足引发的光合障害，导致胎座发育不良引发的授粉受精障碍。③病害影响。枯黄萎病害导致的输导组织维管束堵塞引发的营养障害，导致种子发育不良。④栽培管理失调和农事活动操作不规范，导致棉花田间郁闭通风透光差、花期喷洒各种药剂调节剂对花粉授粉受精产生不利影响等。

防治措施：①选用耐高温、耐密性、抗病性好的品种。②充分利用好新疆6月上旬至8月上中旬的高能期。新疆光热资源高能期在6月上旬至8月上旬，采取综合调控措施为花铃期棉花生长创造有利的光照条件，调节棉花发育进程，使棉铃成铃高峰期与新疆6～8月高能富照期同步，以提高光合生产率。调控棉花群体冠层结构、改善棉田通风条件，实现“推迟封行，带桃封行，下封上不封，中间一条缝”的结构，使棉田中层叶片的受光强度达到自然光强的15%～35%，下层叶片受光强度保持在5%以上。③调节棉花发育进程，最大程度避开高温期。④采取肥水温三碰头调控措施，降低高温对棉铃发育的影响。⑤合理密植，合理安排药剂喷洒时间，改善棉田环境，减少药剂对棉花授粉受精影响。⑥加强花铃期的虫害防治工作，减少铃病发生。降低病菌和虫口密度，减少虫口伤害，减少病菌的侵染途径极为重要。根据虫害发生趋势，一般8月上旬开始喷药，可选用50%多菌灵可湿性粉剂500～1 000倍液、75%百菌清可湿性粉剂500倍液、70%甲基硫菌灵或70%代森锰锌等可湿性粉剂400～500倍液喷雾防治。每隔4～5天喷一次，连续3～4次。

31. 棉铃裂果

症状表现：棉铃裂果是新疆棉区近几年棉田出现的一种棉铃生长异常现象，其症状是在幼铃膨大期，青铃基部至铃嘴之间中部的铃缝处裂开露出心室中正在发育的白色纤维，裂果后伴随着环境变化和病菌的侵入，常常并发多种铃病，而成为烂铃僵铃无效铃（图31-1）。2014年发现以来有逐年加重趋势，对产量影响较大。棉花裂果出现的时间主要在7月上旬、中旬棉铃发育的幼铃膨大期(开花后的20天左右)，发生的部位在棉株的上、中、下部棉铃均有发生，以下部居多。最初发现棉铃裂果现象是在南疆阿克苏7月上中旬雨后天晴的棉田。

图31-1　棉铃裂果

发生原因：目前棉花裂果的确切原因还不明确，是病原菌引起还是营养障害，内因是什么，外因是什么，诱因又是什么，需要做深入研究和条件性验证试验。目前可能的原因：

（1）病虫危害，如黄萎病危害症状之一就是棉铃提前开裂，造成棉铃机械性损伤，伴随雨水导致真菌细菌从铃缝处的侵入。据此必须弄清引起裂果病的病原物是什么，且该病原物必须满足4个条件：①引起裂果病的病原物在棉花相关器官组织中大量存在；②能分离培养该病原物；③将该病原物接种到棉花铃上能产生相同的裂果病；④从接种后的棉花也能分离出相应的病原物。

（2）缺硼营养障害。缺硼往往导致果实龟裂栓化。硼与细胞壁的机能和构造密切相关，硼的生理作用是以细胞壁为中心的，硼在维持细胞壁的机理构造方面必不可少。据此需要做硼肥验证试验。

（3）在花芽分化期或子房膨大期遭受不利环境条件所致。

（4）调节剂药剂对花器官发育的影响、不均衡的肥水营养条件、较低的夜温使幼铃膨大期遭受障害，导致心皮表皮出现栓化木质化而使心皮部与心室内的胎座部的发育出现失衡，各心室的膨大速度不同而形成开裂。

（5）内外因综合影响所致。调查发现，棉铃虫发生重的、裂果敏感的品种裂果率高，几种因素组合下的裂果率更高。内因是心皮的发育异常，隔壁的发育过快导致裂果，外因是病虫危害病原物的侵入和逆境引起的不利环境所致。

防治措施：①开展相关病原物的研究、营养障害研究、环境因素研究，弄清内因、外因和诱因。②加强病虫害防治，特别是棉花蚜虫防治。③选用不易裂果的品种。④注意增施硼肥，既可预防裂果病，也可提高结实率。缺硼棉田，硼砂用量为每亩1 ～ 2千克或叶面喷施0.05% ～ 0.2%硼砂水溶液。从蕾期开始，每隔7 ～ 10天喷一次，共2～3次即可。⑤合理肥水运筹，避免肥水施用不均衡。

32. 棉花蕾铃脱落

表现症状：棉花蕾铃脱落是指棉蕾或棉铃与植株体分离而脱落的现象（图32-1）。脱落率是指棉花植株上脱落果节占棉株总果节数的百分比。陆地棉脱落率一般在60%～70%，严重的高达80%以上。新疆棉花蕾铃脱落率较高，平均在70%左右。新疆棉花蕾铃脱落一般表现为：蕾脱落大于铃脱落，伏前蕾脱落最重，上部倒三台果枝蕾铃的脱落高于其他果枝的蕾铃脱落，外围果节蕾铃脱落大于内围果节蕾铃脱落。蕾脱落时间主要集中在6月下旬至7月上旬，铃脱落时间主要集中在7月中旬至8月上旬，一般是开花后10天左右的幼铃脱落多。

图32-1　棉花蕾铃脱落

发生原因：①生理脱落。②环境胁迫脱落。病虫危害、低温冷害、干旱、高温、旱涝、盐碱、肥水失调营养不平衡、光照不足、透气性差、机械损伤等都可引发蕾铃脱落。环境胁迫是导致棉花蕾铃脱落的主要原因。

防治措施：①协调好棉花营养生长与生殖生长。防治营养生长过旺或营养不足。②构建好棉花合理群体结构。保障棉花群体和个体主要性状结构指标在蕾期、盛蕾期、花铃期保持在适宜水平，防止群体结构过大过小或个体结构不协调。叶面积指数现蕾至开花0.5～1.5，开花至断花1.5～4.0，铃期3.0～4.0；冠层结构实现“推迟封行，带桃封行，下封上不封，中间一条缝”；中层叶片的受光强度达到自然光强的15%～35%，下层叶片受光强度保持在5%以上。③重点降低6月下旬至7月上旬的蕾的脱落，7月中旬至8月上旬花铃期幼铃的脱落。④重点预防高温、干旱、早衰、疯长、病虫危害。⑤合理运筹好水肥调控、化学调控、叶面调控、打顶中耕整枝揭膜等物理调控。⑥选用脱落率低、早熟性好、抗逆性强、适应性广、耐密性强的品种。

33. 棉花霜冻危害

霜冻是指地面最低温度＜0℃，植株体温降到0℃以下，对棉花组织器官或植株的危害。霜冻是新疆常见的气象灾害，也是北疆棉花的主要灾害。霜冻有春、秋霜冻之分。春霜冻指春季升温不稳定，由于短暂的零度以下低温造成棉苗的受伤或死亡的现象称为棉花春霜冻，常常在棉花出苗以后出现霜冻天气，造成棉花苗受伤或死亡，春霜冻称之为晚霜冻和终霜冻。秋霜冻指秋季由于暂时零度以下低温造成棉花受伤或死亡的现象，也称为棉花初霜冻和早霜冻。秋霜冻往往是造成棉花停止生长的因素。霜冻危害程度有轻重之分，一般分为轻度霜冻、中度霜冻及重型霜冻三种类型。根据霜冻危害程度，采取不同的灾后管理对策。

危害症状：春霜冻造成烂种、烂根、死苗、发育滞缓等，最终造成缺苗、断垄、晚发，影响产量品质（图33-1）。秋霜冻出现早的年份往往有大量棉桃还没吐絮，形成大量霜后花，使棉花产量和品质都受到极大影响。棉花的抗冻能力随叶龄增加而减弱。

防治方法：

对于春霜冻：①要根据中长期天气预报，确定好适宜播期，防止过早播种，争取在霜后出苗。一般南疆4月10日以后播种的棉花，往往可以避开霜冻危害。②采用地膜覆盖点播技术，可有效预防霜冻。③霜冻发生后要及时放苗封洞，及时解放顶膜的棉苗，通过烟熏提高棉苗抗冻能力。应用柴草熏烟防霜有悠久历史。甘肃省庆阳试制成功CHN化学发烟剂，经过多年的实践，取得了较好的效果。④科学判断，及时补种，加强受冻棉花管理，不宜轻易重播。

对于秋霜冻：①根据天气预报，调整安排棉花生产，争取初霜冻前棉花成熟。②用整枝、去叶、打顶等方法促早熟。③加强田间管理，增强植株抗冻性。

图33-1 棉花霜冻危害

34. 棉花倒春寒危害

4～5月是新疆棉花播种至出苗的关键季节，此时冷空气活动频繁，时常出现倒春寒天气，致使棉苗受冻死亡（图34-1），造成严重灾害，导致重播，使棉花产量下降，品质降低，造成很大的经济损失。

症状表现：极易引发苗病，造成棉花苗期病害突出，尤其是苗期根病发病率高；引起棉花烂种烂芽，缺苗断垄；引起发育迟缓，僵苗不发，叶片萎蔫。

图34-1 倒春寒危害

防治方法：①根据气象预报确定棉花播种期，使棉花在霜前播种霜后出苗，避开霜冻危害。②棉花烂种烂芽现象易在低温高湿环境下发生，掌握适宜墒度，抢墒播种是防止烂种的关键，使用适宜的种衣剂拌种包衣也是保证一播全苗的重要措施。③春寒来临前可燃放烟雾，顺风燃放使烟雾能覆盖棉田，起到有效增温作用（一般可以增温2～3℃）。

35. 棉花低温冷害

低温冷害是新疆棉花苗期主要灾害。低温冷害指当气温降到棉花对应生长阶段所需最低温度临界值以下，遭受0℃以上低温的危害，且达到一定时间时，冷害有障碍型和延迟型之分。不同苗龄不同生长阶段棉花抵御最低温度的临界值不同，抵御的时间也不同，子叶期临界低温2.5℃、花芽分化期18～19℃。低温冷害在新疆各植棉区均有发生，发生频率高、持续时间长，一般在4～5月发生，9月会有霜冻发生。影响棉花春季冷害的气象因子主要是低温强度和持续时间。在新疆低温常伴有浮尘天气，造成光照不足，使冷害加重。

症状表现：发育延迟、烂芽、烂根、烂种、僵苗不发（小老苗）、器官分化抑制、叶片和生长点呈水渍状青枯、子叶叶面出现乳白色斑块、甚至死苗等症状（图35-1）。

防治方法：烟熏、冷害后及时中耕、喷施叶面肥和生长调节剂（赤霉素）等。

图35-1 低温冷害危害棉花

36. 棉花热害（苗期）

症状表现：棉苗热害是地膜棉田特有的气象灾害。由于膜内高温造成棉苗受害或死亡的现象称为棉苗热害。棉苗受热害时，如同蔬菜放在开水锅中一样，发生在一秒钟之内，迅速变为水渍状死亡（图36-1）。

发生原因：热害主要发生在地膜棉及双膜覆盖的棉田。地膜棉主要是一些棉苗压在膜下，不能及时解放出来，常造成热害。目前新疆一些棉区采用双膜覆盖的棉田，揭膜时间稍晚，导致热害。

预防措施：播种时调整好播种机械，控制好播种机行走速度，平整好土地，减少种子错位的概率，同时棉花出苗时，要及时查苗解放棉苗。对于采用双膜覆盖的棉田，棉花出苗时要适时揭膜。

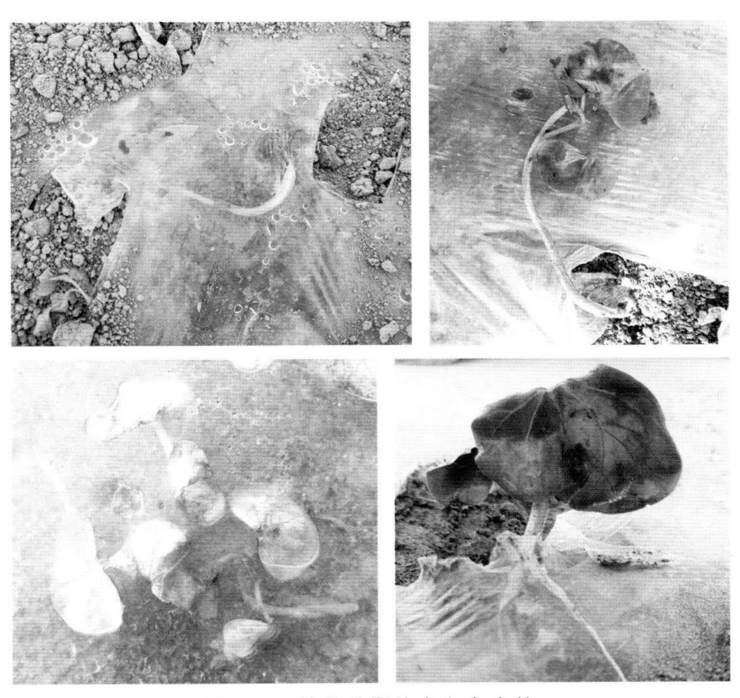

图36-1　棉花苗期热害危害症状

37. 棉花夏季高温危害

棉花适宜生长的温度是20 ～ 30℃，气温超过35℃对棉花不利。新疆不少地区夏季常常超过35℃，尤其是吐鲁番地区，每年日最高气温＞35℃的日数多年平均在70 ～ 98天。

症状表现：棉花蕾铃脱落严重，经常有中空、上空现象（图37-1）。

预防方法：选用耐热棉花品种，高温季节保证及时灌水，降低株间温度，使热害减轻。采取促早熟技术，规避在高温期开花。塑造合理生殖结构，提高高温后棉花开花成铃的补偿能力。

图37-1 棉花夏季高温危害

38. 棉花干热风危害

干热风是新疆东疆和南疆部分棉区灾害之一。空气干燥度大、太阳辐射强、气温高、风力适中情况下，极易发生干热风危害。干热风常发生在7月中下旬至8月初棉花对干热风敏感的生殖生长时期。

症状表现：干热风造成棉花花粉活力降低、出现干铃和蕾铃大量脱落（图38-1），影响产量和品质。

防治方法：①选用抗干热风品种是根本措施。②采取促早熟技术，规避在高温期开花。③塑造合理生殖结构，提高高温后棉花开花成铃的补偿能力。

图38-1 棉花干热风危害

39. 棉花涝害

棉花涝害是指棉花在湿害条件（长期的土壤饱和持水量）发生的生长发育异常现象。棉花是怕涝的作物。涝害对棉花生长影响较大，淹水时间越长影响越大。不同时期淹水对棉花生长产量的影响程度不同，蕾期淹水对棉花产量影响最大，花期次之，铃期最小。不同时期淹水，棉花保护系统相关基因表达量变化幅度不同，是导致不同时期涝害程度不同的内在原因之一。

发生原因：棉田连续遭受暴雨、冰雹等灾害性天气的危害，造成棉株倒伏、折断，或棉田积水，受渍、受涝（图39-1）。

图39-1 棉花涝害

防治方法：①及时排水。棉田积水后，棉花淹水时间过长，会严重影响根系活动，造成大量叶片和蕾铃脱落，应及时排水。②及时扶苗。对受涝后倒伏棉株，在排水后必须及时扶正、培直，以利进行光合作用，促进植株生长。③及时中耕。受涝棉田排水后土壤板结，通气不良，水、气、热状况严重失调，必须及早中耕，破除板结，以提高植株根际的生存环境。④及时施肥。棉田经过水淹，土壤养分大量流失，加上根系吸收能力衰弱，及时追肥对棉株恢复生长和增结秋桃十分有利。在棉株恢复生长前，以叶面喷肥为主；棉株恢复生长后，每亩追施碳酸氢铵8 ～ 10千克或尿素5 ～ 8千克。⑤及时防虫。受灾棉株恢复生长后，枝叶幼嫩，前期蚜虫多，后期易受棉铃虫等危害，因此，要加强防虫工作。

40. 棉花风灾

风灾是新疆棉花常见灾害，新疆有80%植棉县市受沙漠化和风沙影响，发生频率较高。新疆棉花风灾主要集中在春季，一般4、5月春季大风较频繁、级别也较高，常达到6 ～ 10级以上、持续时间较长，并掺有沙尘，对地膜棉花影响极大。大风的危害主要是风力对棉花的机械破坏作用。一般5级以上大风就可造成棉花危害，8级左右大风就会形成棉花重灾。

症状表现：大风可造成揭膜、棉苗大片倒伏、根系松动外露、叶片及棉花茎杆青枯破碎折断等机械损伤，有些死亡。出苗前风灾可造成揭膜，降低地温和土壤墒度，影响出苗率和出苗速度。苗期风灾可造成嫩叶脱水青枯，大叶撕裂破碎，生长点青干，叶片挂断，形成光杆等。土地严重跑墒，重则吹死或埋没棉苗，造成严重缺苗断垄，甚至多次重播或改种。见图40-1。

防治措施：根据风害症状，把风害分为不同等级*，根据不同级别进行救灾补灾。①做好预测预报和防护林建设，大力营造农村防

* 棉株风灾分为5个级别：0级：棉株基本无风沙危害症状；1级：棉株倒一叶青枯，倒二、三叶边缘青枯，生长点正常；2级：棉株全株真叶青枯，子叶和生长点基本正常；3级：棉株子叶与真叶全部青枯，子叶节以上主茎青枯并弯曲，生长点青干。

护林网，退耕还林、还草，制裁滥砍滥伐，改善农业生态环境是防御大风灾害的根本措施。②采用抗倒伏品种，做好压膜，调节好播种深度，不宜太浅等；采用与风向垂直的行向沟播，能有效地防御大风的危害。③大风来之前，沙土地应采取棉区膜上加土镇压、耙趟中耕、摆放防风把（可用棉杆，芦苇杆）、支架防风带（化纤带）等以降低作物受害程度。④加强水肥管理，风灾棉区在受灾后及时进行中耕追肥。风灾后及时抢播、补种。风灾后棉花翻种、补种、改种方案确定：棉花再生能力、补偿能力强，根据损失程度确定翻种、补种、改种方案。一般损失50%以下棉田，受害级别在2级以下的棉株占棉田85%～90%，均有较好的保留价值，只需人工催芽补种。而死苗、生长点损失和全株叶片青枯达50%以上的棉田，3级受害棉株达棉田80%～90%时，这类棉田要抓住时机及时翻种。如受害级别、受害株率均高，受灾时间晚，可采用改种。

图40-1　棉花风灾

41. 棉花冰雹危害

冰雹是新疆的主要灾害性天气之一，具有地域季节性强、来势凶猛、强度很大、持续时间短等特点。虽然持续时间很短，但可以使作物瞬间毁灭。据统计，1977—1992年，新疆农作物遭受冰雹灾害面积约1 500万亩，平均每年雹灾*面积近100万亩，约占全疆播种面积的1%。冰雹多发生在5 ~ 9月，新疆80%的冰雹集中在5 ~ 8月，6、7、8月发生频率较高，最多的是6 ~ 7月。此时正值棉花现蕾和开花期，一旦受雹灾，轻则产量下降，重则绝产绝收，给农业生产造成巨大的经济损失。雹灾常伴随大风和降雨。新疆发生雹灾较频繁的地区有阿克苏、农一师。北疆的奎屯河、玛纳斯河流域最为常见。

症状表现：雹灾强度不同，对棉花影响程度也不同。5月的冰雹可造成棉田缺苗或改种，7 ~ 8月的冰雹可造成棉田绝收，危害最大。雹灾后棉花生长发育表现为生长发育推迟、成铃推迟、成铃数减少、秋桃比例大、断头棉田上部果枝腋芽处3 ~ 5天可发育出叶枝，并代替主茎成为新的生长点。造成的影响表现在：果枝折断，花蕾铃叶片脱落，主茎、生长点严重受损，还易造成土壤板结、地膜受损等。见图41-1。

预防措施：雹灾发生常带有突发性、短时性、局地性等特征，难以控制，因此，对冰雹灾害的防治措施有：①加强对冰雹活动的监测和预报，尽可能提高预报时效，抢时间，采取紧急措施，最大限度地减轻灾害损失。②建立快速反应的冰雹预警系统。③建立人工防雹系统。国内外广泛采用人工消雹，对预防雹灾具有较好效果。④尽快根据受灾棉花所处发育阶段和受灾程度确定补救方案和措施，积极补救。主要方案：对于以1、2、3级危害为主的棉田，应及时抢救，加强管理，争取少减产，一般不毁种。对3、4级危害为主的棉田，应根据受灾棉花所处发育阶段决定，有效期内的，积极采取措施，促其快速恢复，不毁种；有效期不足的，可改种其

---

* 棉花雹灾一般分为5级：1级（轻度危害）：叶片破损，顶尖完好，果枝砸掉不足10%，花蕾脱落不严重，有效期内能自然恢复，基本不减产。2级（中度危害）：落叶破叶严重，主茎完好，果枝断枝率30%以下，断头率<50%，多数花蕾脱落，生育进程处于初花期前后，可较快恢复生长，减产较轻。3级（重度危害）：无叶片，主茎叶节基本完好，腋芽完整，果枝断枝率60%以上，断头率50%～70%，有效期内加强管理，能恢复生育，一般减产30%～40%。4级（严重危害）：无叶片，无果枝，光杆，30%以上腋叶完好，叶节大部完好，有效蕾期内，加强管理，有一定收获，但减产幅度大。5级（特种危害）：光杆，腋芽不足30%，叶节大部被砸坏，有效期内，很难恢复，一般毁种。

他作物。对以5级危害为主的棉田，应尽快改种其他适宜作物。

图41-1　雹灾危害棉田

42. 棉花干旱危害

症状表现：棉花受旱是指棉花在土壤含水量偏低条件（或水分胁迫）下的表现。棉花受旱多表现为顶芽的分化和生长速度减慢，从而使茎叶蕾花铃营养和生殖器官的生长量减少，新叶抽出慢，叶色暗，节间紧密，植株矮小，主茎顶部绿色嫩头缩短并发硬，红茎上升，果枝伸出速度减慢，蕾铃脱落。受旱严重时，叶片萎蔫下垂，叶片明显增厚，棉花生长点出现“蕾包叶”现象，棉花早衰，蕾铃脱落显著，干蕾增多，铃发育受阻，铃重减低。见图42-1，图42-2。

发生原因：①棉田土壤持水量低，不能满足棉花正常生长发育要求。其中，播种至出苗期土壤田间持水量＜60%时，种子易落干，发芽出苗率低。苗期土壤持水量＜55%时，棉苗生长缓慢。蕾期土壤持水量＜60%时，将导致整个生殖与营养失调，影响棉花搭“丰产架子”。花铃期土壤持水量＜70%，将导致棉花蕾花铃大量脱落早衰。②棉花水分运筹管理不合理，没有按照棉花需水规律和棉花生长发育情况进行灌溉。特别是几个关键时期受旱影响最大：一是7月至8月初的“肥水温”三碰头期，是新疆高温季节、也是棉花对肥水需要最多的时期。此期高温热害和受旱，对棉花产量影响极大；二是棉花盛蕾期，又称变脸期，该时期为棉花对肥水比较敏感的变脸期，土壤持水量＜60%，将导致上述生长异常。

防治措施：根据实时气候、土壤状况、棉花长势长相综合分析判断，采取行之有效的措施。①根据气温高低和降雨情况合理灌溉。棉花花铃期是棉花需水高峰期，需水占整个生育期需水量的近一半，该时期又是气候高温期，所以针对该时期高温干旱的气候特点要做到肥水温三碰头，保障及时足量灌溉。②根据棉田土壤性质和土壤持水量高低，合理灌溉。对土壤含水量低，有旱象的棉田，要及时灌溉，保障棉花各生育期土壤含水量在适宜范围之内，棉花生长发育期间，棉田土壤含水量总体保持在田间最大持水量的60%左右，可规避棉花受旱。特别在棉花肥水温三碰头期（花铃期）和变脸期（盛蕾期）要保障土壤持水量在合理水平。

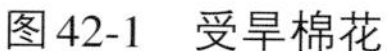

图42-1　受旱棉花

图42-2　严重受旱棉花

43. 棉花“假旱”

症状表现：假旱，顾名思义，是一种类似干旱的症状，是棉花次生盐渍化胁迫的一种表现。在新疆一些棉田，棉花在土壤含水量正常，维管束输导组织也正常，没有出现褐化的情况下，滴灌或者降雨后，棉田常常出现点片棉花青枯、萎蔫、甚至死亡的现象（图43-1）。

图43-1“假旱”棉花

发生原因：灌溉方式转变、施肥方式转变、生态环境的变化是导致棉花出现假旱的主要原因，也是这些变化综合作用的结果。农田土壤中的水分、盐分变化主要受地下水运动、灌水渗透、灌溉制度、作物蒸腾、土壤蒸发、地膜覆盖、农田耕作等综合因素影响，水盐变化呈现多种变化的叠加效应。灌溉是棉田土壤盐分迁移变化的主要原因。长期滴灌棉田土壤盐分含量分布随膜下滴灌应用年限增加，变化较大。膜内盐分含量，垂直方向的土壤盐分含量从上到下逐渐降低，表层土壤盐分变化较大，深层土壤盐分变化越小，膜间0 ~ 20厘米表层盐分含量高。棉花由沟灌转变为滴灌后，长期滴灌导致土壤中盐碱不能得到压洗效果，盐碱积聚在0 ~ 30厘米耕作层，气候的变化，一方面蒸发强烈土壤盐分积聚在表土层，另一方面雨水增多导致表层盐分随雨水淋溶到耕作层的根际，水肥一体化的施肥方式转变导致肥料直接施在根基周边，这种肥料施用和土壤盐碱及淋溶几方面共同作用，导致根际土壤溶液浓度过高，引发生理障害，使得盐害次生盐渍化问题越来越突出，假旱萎蔫的现象越来越频繁。

防治措施：做好土壤压盐洗盐工作。有基础灌溉条件的，做好冬灌和春灌。滴灌棉田，根据土壤盐分含量，调整冲洗灌溉定额。盐分含量在6 ~ 12克/千克时，应强化冲洗定额压盐稀盐，冲洗定额在150 ~ 385毫米。当盐分值达到3.506克/千克时，按正常定额冲洗。当出现假旱时，采用清水滴灌，不要随水滴肥。

44. 棉花次生盐渍化危害

症状表现：在新疆棉区，以往能够正常出苗、出苗后能够正常生长的棉田，雨水后，出现烂种、死苗、僵苗、棉株萎蔫的症状，这种现象一般是次生盐渍化症状（图44-1）。

图44-1　次生盐渍化危害棉花

发生原因：刚露出土时，常因春雨造成地面板结，土壤结壳、泛盐，影响出苗和幼苗生长。

防治措施：经验证明，雨后用钉齿耙或镇压器镇压，破除结壳，对保证全苗具有较好作用。破除较未破除的一周后出苗率高40%以上。但所采用的之字耙，要轻，或用木板钉齿耙，因为过重耙，会因耙齿入土超过播种层而伤苗过多，或将正在发芽的种子移动，影响种子的发芽和出苗。

45. 盐碱地棉花生长异常

症状表现：盐害是指棉花在土壤含盐量达到一定程度下表现生长发育出现异常的现象。碱害由于土壤中代换性钠离子的存在，使土壤理化性质恶化，影响根系的呼吸和养分吸收。盐碱地棉花生长异常症状有：播种至出苗期表现发芽率低，发芽势弱，出苗率低，苗期表现生长缓慢，僵小苗多，大小苗严重，缺苗断垅，根茎叶伸长受到抑制，叶面积变小，雨后或滴灌后出现不同程度的萎蔫青枯，盐碱轻的棉花叶片早晚恢复正常，盐碱重的棉花叶片难以恢复，直至青枯死亡。其次是棉苗迟发，晚熟，长势弱小，纤维绒长变短、马克隆值偏高。见图45-1。

图45-1 盐碱地棉花生长异常

发生原因：①盐碱含量高是导致各种障害引发生长异常的主要原因。较高的土壤含盐量和酸碱度（pH）对棉花生长发育影响较大，引发盐碱危害。当盐碱浓度偏高时，干扰胞内离子稳定，导致膜功能异常，代谢活动紊乱，出现各种生长异常现象。高盐导致的高离子浓度和高渗透压可致死棉花。可溶性盐碱浓度过高，抑制棉花吸水，产生反渗透现象，出现生理脱水，出现萎蔫青枯现象。一些盐类抑制有益微生物对养分的有效转化而使棉花弱小。土壤含碱使得土壤中代换性钠离子存在，使土壤理化性质恶化，影响根系的呼吸和养分吸收。②盐害容易导致土壤中微量元素Ca、Mn、Zn、Fe、B等微量元素的固定而引发缺素症。盐分中氯离子对棉花危害较大。盐害盐胁迫首先表现水分胁迫，导致作物吸水困难，然后植株中吸收钠离子增多，吸收钾、钙减少，从而使Na/K离子升高，造成以Na离子毒害为主要特征的离子失衡，光合作用变慢，渗透势下降等生理问题，形态异常表现为根、茎、叶伸长受抑制，叶面积变小等现象。③棉花播种至出苗、苗期、铃期至吐絮期耐盐力差，尤以播种至出苗和苗期的棉花耐盐碱能力最弱，出苗的临界土壤含盐量为0.3%，超过即不利出苗抑制棉苗生长，当含盐量在0.4%以上则不能出苗。这是因为盐分是影响种子发芽的重要因素。盐胁迫棉花种子萌发出苗的原因既有限制吸水（渗透胁迫），也有盐离子毒害。棉种发芽出苗的速度与土壤盐分有密切关系，高浓度盐分影响种子发芽。在同等浓度下，硫酸盐对种子膨胀和发芽影响不大，而氯化物对种子膨胀和发芽有严重的抑制作用。中度和重度盐碱地土壤表层积累了大量的盐分，这些盐分通过渗透胁迫和离子毒害等途径，抑制棉花种子的发芽、出苗、成苗和幼苗的生长发育。

防治措施：①做好盐碱地治理改良。通过各种综合农艺措施和盐碱改良措施保证播种出苗阶段，棉花根系分布层的盐分含量在0.3%以下，做到棉种能正常发芽出苗，保证棉花生长期根系活动层盐分含量低于0.4%，使棉花能够正常生长。如新疆春雨少，春季蒸发量大，为保证棉花播种出苗和苗期需水要求，需要在冬季或者早春进行储水灌溉。在新疆储水灌溉不仅可满足播种出苗和苗期需水要求，对土壤盐分也具有较好的淋洗作用，灌溉后结合耕作，可减少土表蒸发、减低耕作层积盐。灌水定额一般为80 ~ 100 米^3/亩。改进耕作制，采取轮作倒茬种植绿肥培肥土壤深翻压草等措施改良土壤盐碱；播前耕耙整地深翻，灌水压盐洗盐，降低播种层土壤盐分；增施农家肥改善土壤结构，增强土壤通透性，促进淋盐，抑制返盐。②采取以促为主的盐碱地植棉技术。选用抗盐碱品种，包括选用种子生活力强、出苗好、幼苗生长健壮的耐盐品种；地膜覆盖栽培抑盐效果尤为明显，有利全苗、壮苗和早发早熟；加强苗期中耕，保持地面疏松，防止土壤返盐；增施磷肥，调整氮磷比例，盐碱地一般有效磷含量低，补施磷肥可提高抗盐能力；大田条件下运用农艺措施诱导盐分差异分布促进棉花成苗和生长发育的沟畦播种覆盖技术，开沟起垄沟畦种植模式可以诱导盐分在根区地差异分布，实现沟播躲盐，同时在沟畦上覆盖地膜，依靠地膜的增温保墒作用，促进棉花成苗和生长发育的效果会更好；营养钵育苗移栽、半免耕种植等。③盐碱地上禁用含氯化肥，会加重盐碱程度。④针对棉花播种至出苗、苗期、铃期至吐絮期耐盐力差的问题，重点做好肥水运筹。通过增加膜下滴灌定额，大幅降低根际盐浓度。

46. 棉田残膜污染

症状表现：棉花成苗率减低、棉花根系少，根变短，根畸形（弯曲、鸡爪状等），烂根，根系吸水、吸肥性能降低。有调查表明残膜污染棉花的棉苗侧根比正常平均减少6.6条且棉花烂种烂芽率高，数据显示，种子播在残膜上（图46-1），烂种率平均达8.2%，烂芽率平均5.6%。残膜污染棉田的棉纤维异性纤维含量高，增加纺织成本，影响纺织质量。

图46-1　棉田残膜污染

发生原因：①残膜随机械采收混入籽棉，经轧花清杂等加工，造成打碎的残膜呈颗粒污染在皮棉上，增加纺织成本，影响纺织质量。②农田残膜破坏了土壤结构和土壤微生物环境，破坏了土壤原有的团粒结构和功能性，导致土壤质量、土壤通气性和养分的有效性下降，从而影响棉花正常生长，影响棉花成苗率和根系正常生长。③残留地膜隔绝了根系与土壤的接触，阻止了根系发育下扎及对土壤水分和养分的吸收，影响肥效，造成烂种、烂芽、烂根和根畸形。

防治措施：①做好残膜回收利用，要求残膜回收率达到90%以上，同时收净滴灌带，降低残膜残留量。②提高农膜厚度标准，使用加厚地膜（厚度＞0.015毫米），提高残膜回收效果。③制定鼓励回收、加工、利用残膜的优惠政策法规。④做到及时揭膜、清膜和回收残膜。最好在头水灌溉前揭膜，该时期不仅易揭，地膜的作用也基本完成。一些保水性弱的沙性地，在停水后收花前务必揭膜。据新疆其他地区调查，头水前揭膜并连续种植5 ～ 6年的棉田残膜量平均4千克/亩，年平均残膜量0.67 ～ 0.8 千克/亩；收获后揭膜的棉田，年平均残留2.28 ～ 2.55千克/亩。整地前后捡拾残膜，可大大降低播种层的残膜污染，对争取全苗、防止烂种、促进根系发育均具有重要作用。⑤研发无膜植棉从根本上解决残膜影响，或积极研发具有易降解低残留特点的降解膜、光解膜替代难以降解的聚乙烯地膜。⑥增强消除白色污染意识，加强宣传教育，提高地膜污染治理自觉性，不要将残膜堆放在田间地头。⑦对利用残膜为原料进行加工生产的工厂和残膜回收机构，国家要制定相关的政策、法规，予以扶持。

47. 棉花药害

症状表现：药害是指错误使用药剂后，造成棉花生长发育受损，表现出各种生长异常的现象（图47-1，图47-2，图47-3）。

（1）药剂不同，产生的药害症状不同。杀菌剂、除草剂、植物生长调节剂、抗生素及土壤消毒剂引起的药害时有发生。棉花对除草剂2,4-滴丁酯最敏感，棉株若接触2,4-滴丁酯类药物，棉叶变为鸡爪形；棉田喷呋喃丹农药浓度过大或药液量过多，蕾花容易脱落；用百敌虫防虫浓度过大，棉叶由边缘反卷，而且叶肉出现紫红色斑块等。除草剂药害又有多种表现。①酰胺类除草剂中苯塞草胺、敌稗等在棉田使用会抑制棉花生长，特别是在持续高湿、高温或低温条件下，过

图47-1　棉花生长调节剂类药害表现

量施用，抑制发根、根系生长和子叶节及主茎的伸长。药害发生后，短期内可恢复生长。②三氮苯类除草剂中一些品种如扑草净对棉花安全性差，易发生药害，导致棉花叶片黄化、大面积出现黄斑、叶片从叶尖和叶缘开始出现枯萎，甚至全株死亡，在高温、强光照下，上述症状发生更加迅速。③二苯醚类除草剂如乳氟禾草灵等对棉花安全性差，使用量过大或定向施用时由于飘移等易产生触杀性、暂时性斑点药害，导致棉花真叶出现褐斑、叶片皱缩或枯死，严重者抑制新叶发出。一般不会绝收，会逐渐恢复。

（2）药害种类不同，产生的药害症状不同，有急性药害、慢性药害、残留性药害之分。急性型药害通常在施药后几小时或几天内出现，一般表现为营养器官的叶片出现斑点、卷曲、灼伤、畸形、枯萎、黄化、失绿、白化、落叶、叶厚、穿孔等生长异常现象，根部受害表现根部短粗肥大、根毛减少、根皮变黄变厚、发脆、腐烂、不向土层深处延伸等异常现象，生殖器官畸形、落花、授粉不良、难以结实等，棉铃出现锈斑等，急性药害易被发现，也能及时避免。慢性药害不是很快表现症状，棉株外观无明显特征，但棉株内生理已发生紊乱，有机物质供应失调，通常在后期表现，出现生长发育不良、发育延迟、植株矮化、花蕾变小脱落或铃重变小结实不好等问题，这种恶性循环往往造成无法弥补的损失。残留性药害是同一种药剂逐年使

图47-2　棉花除草剂类药害表现

图47-3　棉田药害表现

用累加残留在土壤中，导致作物产生的药害，往往多年后表现。

发生原因：①飘移。邻近作物喷洒对棉花有害的农药时，因风大或邻近，导致药液飘落到棉株上。②喷药器械没有清洗或清洗不彻底。喷药器械中残留对棉花有害的药剂，不加清洗用其对棉花打药，就会产生药害。③农药混用。两种或多种农药混用不当导致的药害。如发生酸碱反应的农药混用导致发生物理化学变化而产生药害，与含金属离子的农药混用导致发生络合反应而产生药害。④残留。同一种药剂逐年使用累加残留在土壤中，导致作物产生的药害。⑤超量使用。药剂使用量过大，甚至超出使用量的几倍而导致的药害。⑥极端环境。环境的异常导致药效的增强产生的药害，如伴随高温或低温，往往产生药害。⑦不同发育阶段的棉花对药剂的敏感度不同，如子叶期和苗期棉花对缩节胺的敏感度强，用药量不能过大过频。⑧错用误用药剂。施用了不能用于棉花的药剂，如杀虫杀菌调节剂激素除草剂的误用错用等。

防治措施：

（1）要科学用药。科学用药就是要做到对症下药、适时用药、准确用药、合理交替用药、均匀用药等。掌握农药的使用原则，选用合适的剂型和施药方法（喷雾法、土壤处理、拌种法、涂抹法、毒饵法、熏蒸法）、选择最佳防治时期、掌握好用药量、合理用药、交替用药从而提高药效、防止抗药性。①使用农药需先做试验，各种农药对害虫杀灭作用各不相同，需要试验后掌握准确的使用浓度和用药量。②统一调配农药的浓度，否则容易造成药液的浓度过大产生药害。③防止长期使用单一的药剂品种，应尽量采取各种农药交替使用，使害虫体内无法对某种农药产生抵抗能力。④均匀喷药，不留死角。采用压缩式喷雾器时，扩大喷雾范围，防止雾滴过大，使棉花受害。⑤了解掌握药剂品种变化。一些新的农药品种、剂型相继问世，农药品种结构发生了较大变化，特别是从2007年1月1日起，我国全面禁止在国内销售和使用甲胺磷等5种高浓度有机磷农药，必须及时掌握。

（2）要安全用药。①禁止使用高毒药剂。如棉花棉铃虫、棉蚜及红蜘蛛用药以菊酯类（氯氰菊酯、溴氰菊酯、高效氯氟氰菊酯等)、烟碱类(吡虫啉等)、阿维菌素类(阿维菌素、甲维盐阿维菌素等)以及杀螨剂等为主，可选用品种较多，有机磷、有机氯类多为高毒，其中甲拌磷(3911)、久效磷等已禁用，其他的品种生产上建议少用或不用。②施用除草药剂时，保证与棉花的安全距离，使用过除草剂的喷雾器、器具等要及时清洗，防止下次使用时残留对棉花产生药害。③花期施药注意施药时间避开花瓣开放时间。④农药在使用时要注意农药的剂型、作用特点以及是否能与其他酸碱性农药、肥料混用。要根据是否具有内吸性，来决定拌种、根施和涂茎等。

(3)要及时解药。在棉花产生药害以后，喷施具有缓解作用的调节剂解毒剂，喷施具有中和缓解解毒性质的生长调节剂，对控制药害的发展、降低产量损失具有一定的作用。解毒剂又分为结合型、分解型、拮抗型和补偿型等多种类型，在使用时应根据除草剂的理化性质以及产生有毒物质和造成伤害的过程、原理，正确选择与应用。如吲哚乙酸和激动素可减轻氟乐灵对棉花次生根所产生的抑制作用；赤霉素可减轻二甲四氯、2,4-滴丁酯等激素类除草剂对棉花造成的药害。

(4)加强药害后管理。当棉花接受过量的药剂时，及时用喷雾器装水清洗，对受药棉花连续喷洗几次，以清除和减少药剂残留。另外，加强肥水管理，促进棉花生长，提高抗药能力，促进恢复生长，从而降低药害损失。

48. 棉花肥害

症状表现：肥害是指施肥过多造成土壤水溶液浓度过高，作物根系吸水困难或因土壤溶液浓度障害引起的烧根，引发的土壤溶液浓度障害。一般表现为根系变褐枯死，下部叶片黄叶、叶缘干枯、灼伤烧苗、蕾铃脱落、植株萎蔫枯死(图48-1)。

发生原因：多为施肥过多或喷施叶面肥浓度太大引发的土壤溶液浓度或肥溶液浓度障害。电导度高、EC值高且土壤中硝态氮多时，发生施肥过多导致浓度障碍的可能性大。

防治措施：①做到平衡施肥。根据棉花的营养特点、需肥规律、土壤养分状况进行平衡施肥，制订出有机肥料和氮、磷、钾及微量元素等肥料的使用数量、养分比例、施肥时间和施用方法。②做到巧施肥。在时间上，要施好基肥、苗肥、蕾肥、花铃肥、盖顶肥；在数量上，做到基肥足，苗肥轻，蕾肥稳，花铃肥重，桃肥补。巧施肥为前期的壮苗、稳长，为中期的多结伏桃，为后期的桃大、质优、防早衰提供了保障。在施肥方法上，要"看天、看地、看苗"施肥，有机肥与无机肥相结合，根施与叶面肥相结合，氮肥、磷肥、钾肥、微肥相结合。③重施花铃肥。花铃期是棉花一生需肥最高峰时期，也是棉田易出现早衰的时期，对氮、磷、钾养分的积累占一生总需肥量60%以上，花铃肥管理强调保障、重施、及时施肥。④肥害发生后赶快浇水稀释化肥浓度，或叶面喷施600倍2116壮苗灵+200倍红糖液恢复生长，保蕾保铃，控害增收。

图48-1　棉花肥害

49. 棉花缺氮

缺氮症状：氮是植物氨基酸蛋白质合成的原动力。氮在植株体内具有可移动性，缺氮时，会从老叶运移到新叶所以缺氮一般从下部叶片开始。典型的缺氮症状：①植株矮化，叶片由下及上均匀黄化（图49-1）。②叶片老化（异化作用大于同化作用），灰暗无光泽。③棉花生长缓慢，植株矮小，果枝数和果节数少，果枝短，脱落多，叶片黄化，叶色淡黄色，局部有黄红色斑块，最终形成褐色。严重缺氮时，下部老叶发黄变褐，最后干枯脱落，导

图49-1　棉花缺氮表现

致成铃数少，铃重轻，产量低。在幼苗期和花铃期易表现缺氮。

缺氮原因：追肥不足或土壤中氮不足，生长过程中生殖生长过强导致养分竞争等。

防治措施：①叶面喷施0.2%～0.5%的尿素水溶液或叶面喷施全营养液。②增施腐熟有机肥提高地力。

50. 棉花缺磷

缺磷症状：磷在植株体内具可移动性，缺磷时，会从老叶运移到新叶，所以磷缺乏一般从下部叶片开始。缺磷往往使棉株体内氮素的代谢受到阻碍，如果在氮素供应不足时过多的施用磷肥，将会缩短营养生长期，棉花成熟过程加速，降低籽棉产量。棉花缺磷，叶色暗绿带黄，并有紫色斑点，株高矮小，叶片较小（图50-1），根系生长量降低，蕾、铃变小易脱落，成铃少，结铃和成熟都延迟。棉花幼苗2～3片真叶前后对磷素表现敏感，缺磷易发生于出苗后10～25天和花铃期。

图50-1　棉花缺磷表现

缺磷原因：①磷在土壤中易被固定，可与铝铁钙结合形成难溶的磷酸铝、磷酸铁而难以利用。②根系发育不好、根系活力降低对磷的吸收不好。

防治措施：①叶面喷施0.3%～0.5%磷酸二氢钾。②中和土壤pH，多施用有机肥。③现蕾花铃期保障磷的供应。④施足基肥。缺磷棉田，一般每亩施磷素（P_2O_5）5～10千克。

51. 棉花缺钾

缺钾症状：①表现在叶片上，老叶黄化叶缘干枯，典型症状是叶面产生褐色斑点，且不同发育时期叶片缺钾症状不同。在苗期或在蕾期，通常是中、上部叶片的叶尖、叶边缘发黄，逐渐向内发展，叶片叶脉间叶肉失绿，进而转为淡黄色或黄白色，但叶脉仍保持绿色，与黄萎病症状相似（图51-1）。以后在叶脉将出现棕色斑点，斑点中心部位死亡，叶尖和边缘焦枯，向下卷曲呈鸡爪型，最后整个叶片变成棕红色，过早干枯脱落，茎杆矮小细弱，生长显著延迟，棉桃瘦小，吐絮不畅，产量低，纤维品质差。钾营养元素的缺乏一般从下部叶片开始，钾因为是碳水化合物合成的原动力、在植株体内又可移动，所以植株缺钾时，会从老叶运移到新叶。花铃期缺钾棉株中上部叶片变白、变黄、变褐，继而呈现褐色、红色、橘红色坏死斑块，并发展到全叶，通常称之为红叶茎枯病、凋枯病。②表现在棉铃上，棉铃发育失衡、生长停止或黑果。新疆近些年黑果病增加可能与土壤缺钾有关。缺钾常常表现在果实上，缺钾及日照不足时会影响碳水化合物的合成，也影响整个蛋白质的合成，使果实整体代谢失衡，停止生长。③棉花生长到中后期的某一阶段易出现缺钾生长异常。

图51-1　棉花缺钾表现

缺钾原因：①与其他营养元素之间的不平衡可能导致缺钾。②连作多年棉田易导致缺钾。③磷肥施用过多可能导致缺钾。④沙性土壤对钾的吸附固定差，钾易流逝而导致生育期缺钾。⑤后期土壤干旱和湿度过大都会引发缺钾。

防治措施：①合理施用钾肥。按土壤供钾能力确定钾肥用量（表），钾肥一部分作为基肥，一般每亩施钾素（K_2O）5 ~ 10千克，一部分作为追肥，一般中后期分2次追施。②对固钾能力强和有效钾水平低的土壤，要补施钾肥。③加强水管理，防止后期土壤干旱和湿度过大。④叶面喷施氯化钾水溶液。棉花生长后期发生缺钾症状时，每隔7天用1%氯化钾水溶液叶面喷施，连续喷施2 ~ 3次。⑤沙质土壤施肥建议分批多次施用。即使施足了钾基肥因流失也往往导致生育期缺钾。

表 棉花钾肥施用量

新疆棉区		长江流域棉区	
土壤速效钾（毫克/千克）	钾（K_2O）用量（千克/亩）	土壤速效钾（毫克/千克）	钾（K_2O）用量（千克/亩）
<90	10	<50	18
90 ~ 180	6	50 ~ 90	14
180 ~ 250	4	90 ~ 120	10
250 ~ 350	2	120 ~ 150	7
>350	0	>150	2

52. 棉花缺钙

缺钙症状：一般由生长点和新叶开始发生。因为钙在植物体内移动性弱，所以缺钙往往抑制根尖、茎尖的生长，主要表现为棉株顶芽幼嫩部位首先生长受阻，节间缩短，植株矮小，有的叶片开始卷曲，叶缘发黄坏死，根系发育不良，根少色褐，茎和根尖的分生组织受到损坏，严重时腐烂死亡，幼苗卷曲叶柄皱缩（图52-1）。

图52-1 棉花缺钙表现

缺钙原因：与其他元素不同，植物体吸收钙主要随液流吸收。钙的传输主要靠根压引起的溢流，没有根压没有溢流，钙就难以传输吸收。

防治措施：①防止土壤过分干燥，确保钙的传输吸收。根据棉花需水规律，保持棉花生长发育各阶段棉田土壤持水量保持在适宜水平。苗期棉田土壤持水量保持在55%～60%为宜，蕾期棉田土壤持水量保持在60%～70%为宜，花铃期棉田土壤持水量保持在70%～80%为宜，后期至吐絮期棉田土壤持水量保持在55%～60%为宜。②缺钙时，叶面喷施0.3%～0.5%的钙肥溶液。

53. 棉花缺镁

缺镁症状：镁在植物体内的再移动性很强，所以植物缺镁首先发生在植株下部老叶上。棉花缺镁会导致下部老叶叶脉间失绿、叶片叶脉间黄化，严重时，叶片呈紫红色，以至于过早衰老脱落，而叶脉保持绿色，网状脉纹十分清晰，并有紫红色斑块甚至全叶变红（图53-1）。一般棉田缺镁对产量影响较小，严重缺镁对产量影响较大。

图53-1　棉花缺镁表现

缺镁原因：①植株体内出现镁的供给平衡失调，导致植株体内的镁不能向附近功能叶片中转移。②与其他元素发生拮抗作用，过量的氮和钾对镁的吸收有拮抗作用。③根系的损伤和施肥不均匀或结铃过多都会引发缺镁。④土壤中可置换性镁的含量低。

防治措施：①土壤中施入硫酸镁。②叶面喷施1%～2%的硫酸镁水溶液。

54. 棉花缺铁

缺铁症状：铁在植物体内的移动性差，很难移动被再利用，所以棉花缺铁症状一般是新叶产生缺铁症状，新叶表现为叶脉间失绿、叶片黄化白化或干枯，每一片叶均比下一片叶稍微变黄，叶脉仍保持绿色，并与失绿部分有显著的差异，最后叶缘向上卷曲，但不呈杯状（图54-1）。

图54-1 棉花缺铁表现

缺铁原因：①一般是土壤pH过高使铁变为难溶物而间接导致缺铁发生。②重金属含量高的土壤易发生缺铁。③品种间对铁反应差异大，有些品种易发生。④磷过剩导致铁的难溶解。⑤过干、过湿及低温引起根系活力下降。⑥铜锰重金属过剩引起的拮抗。

防治措施：①叶面喷施0.05%～0.1%硫酸亚铁溶液。②土壤灌注螯合铁。③对以土壤pH为主因的缺铁要降低pH。④以重金属元素偏多为主因的缺铁要提高土壤pH，从蕾期开始，每隔7～10天喷一次，喷2～3次即可。

55. 棉花缺硼

缺硼症状：①导致新叶停止生长，根尖生长受到抑制。硼在植株体内移动性差，所以棉花缺硼，一般由生长点和新叶开始发生（图55-1）。②茎及果实产生龟裂及木栓化。因为硼与细胞壁的机能和构造密切相关，缺硼会导致细胞不均衡膨大，细胞壁由内部崩溃，而产生龟裂。硼和钙共同起细胞壁间胶结物的作用。③棉花缺硼会出现“叶柄环带”（图55-2）。“叶柄环带”率可作为田间缺硼诊断指标，如果发现棉株主茎上100个叶柄有8个以上出现了环带，即棉株主茎环带率＞8%为棉田严重缺硼，应补施硼肥。④“蕾而不花”也是棉花严重缺硼的重要症状，即只现蕾，不开花，蕾铃脱落增加，成铃少，造成严重减产。施用硼肥后棉花产量会大幅度提高（图55-3）。⑤其他典型症状是，出苗后子叶小，植株矮化。在真叶出现之前，子叶肥大加厚，顶芽似蓟马危害状，真叶出现后，叶片特小，出现速度加快。

图55-1 棉花缺硼植株

图55-2 棉花缺硼表现“叶柄环带”

图55-3 缺硼棉田

缺硼原因：一般双子叶植物对硼的需求量大，而一般土壤含硼量较低，所以棉花生长过程中更容易表现缺硼。硼在田间受土壤pH影响大，在酸性条件下易溶于水，而碱性条件下难溶。新疆土壤大多碱性强，硼易被固定发生缺硼症。沙性土壤易发生缺硼症，土壤干旱易发生缺硼。棉铃上铃较快棉田易发生缺硼，导致棉铃开裂。一般产生龟裂栓化会首先考虑是缺硼。

防治措施：缺硼棉田，建议每亩硼砂用量为1 ~ 2千克或叶面喷施0.05% ~ 0.2%硼砂水溶液。从蕾期开始，每隔7 ~ 10天喷一次，喷2 ~ 3次即可。

56. 棉花缺锰

缺锰症状：锰是植物体内难以再移动的元素，所以缺锰棉花主要表现在植株上部的新叶叶脉间黄化，节间变短，植株矮化，生长点一般生长不会停止，但严重的顶芽可能最后死亡（图56-1）。

图56-1 棉花缺锰表现

缺锰原因：①土壤pH高，土壤氧化还原性强，植株容易发生缺锰症。过度施用碱性物质易发生缺锰症。②土壤本身缺锰。

防治措施：①每亩土壤施入硫酸锰13.3千克。②改良土壤，防止土壤pH过高。可施用硫酸锰生理酸性肥料降低土壤pH，提高锰的溶解度，增施有机肥和灌溉，提高土壤中可溶性锰的含量。③叶面喷施0.05% ~ 0.2%硫酸锰水溶液，从蕾期开始，每隔7 ~ 10天喷一次，喷2 ~ 3次即可。

57. 棉花缺锌

缺锌症状：①新叶畸形或小叶化是缺锌的典型症状。锌在植物体内是有一定运移能力的元素，但运移能力相对较弱。所以缺锌首先发生在新叶。②在叶片或叶柄上出现褐色斑点（图57-1），从第一片真叶开始出现症状，叶片小，叶脉间失绿，致叶片组织坏死，缺绿部分变为青铜色，叶边缘向上卷曲，节间缩短，植株呈丛生状，生育期推迟，产量低。开花后缺锌，蕾花脱落。③叶脉间及叶缘黄化，形状似老虎斑（图57-1）。

图57-1　棉花缺锌表现

缺锌原因：①土壤中锌的含量低。②土壤pH高导致锌难溶解。③施磷过多引起锌难溶解而缺锌。④与其他元素发生拮抗作用缺锌。

防治措施：①缺锌的棉田，每亩施用硫酸锌1 ~ 4千克。②叶面喷施0.1% ~ 0.2%硫酸锌水溶液或施入含锌的微肥。从蕾期开始，每隔7 ~ 10天喷一次，喷2 ~ 3次即可。

58. 棉花缺铜

缺铜症状：在新叶、老叶上均有症状发生，新叶生长差不展开，中部叶无张力萎蔫下垂，中下部叶缘及叶片斑点状黄化（图58-1）。

图58-1　棉花缺铜表现

缺铜原因：①土壤中铜含量不足。②土壤有机物过多或土壤碱化使铜难溶解。③在新垦的沙性、碱性土壤上易缺铜。

防治措施：①根据土壤类型、土壤pH向土壤施入硫酸铜。②叶面喷施0.05%～0.2%硫酸铜水溶液，从蕾期开始，每隔7～10天喷一次，喷2～3次即可，注意硫酸铜溶液浓度不可超过0.5%，否则产生药害。

59. 棉花缺硫

症状表现：棉花缺硫症状一般首先表现在出苗后2～3周的幼嫩叶片和生长点上，顶端叶子发黄，植株矮小、根系发育不良，叶绿素合成减少，先由叶脉开始，然后遍及全叶，最后叶呈紫红色，叶脉和下部老叶仍保持绿色（图59-1）。

图59-1　棉花缺硫表现

缺硫原因：硫在作物体中的移动性不大，很少从老组织中向幼嫩组织运转，作物所需的硫主要从土壤中吸收硫酸根离子，或者通过叶片从大气中吸收少量二氧化硫气体。沙质土壤棉田及少施或不施有机肥的棉田易缺硫。在降水量大的地区、排水良好的土壤硫酸盐易淋失。

防治措施：硫肥宜做基肥或在早期使用。常用的硫肥有硫黄、石膏、含硫煤灰石、硫酸钙、硫酸钾等，其中硫黄含硫最高。

60. 棉花缺钼

症状表现：开始叶脉间失绿，随后发展到脉间加厚，叶片表面油滑，叶片呈杯状，最后边缘发生灰白色或灰色的坏死斑点（图60-1），棉铃不正常，类似于田间的“硬铃”。

缺钼原因：钼可以促进氮素代谢、促进生物固氮、增强光合作用、促进碳水化合物的转移。缺钼的主要原因一般为土壤中钼含量过低，以下土壤类型易缺钼：①酸性土壤，特别是游离铁、铝含量高的红壤、砖红壤，淋溶作用强的酸性岩成土、灰化土及有机土。②北方土母质及黄河冲积物发育的土壤。③硫酸根及铵、锰含量高的土壤，抑制对钼的吸收。根据土壤有效钼含量可以诊断作物缺钼状况。目前一般采用草酸-草酸铵（pH 3.3）提出的土壤有效钼，缺乏临界值为0.15毫克/千克，0.16毫克/千克为正常和足够。

图60-1 棉花缺钼表现

防治措施：叶面喷施钼肥。常用的钼肥主要成分是钼酸铵或者钼酸钠。

61. 棉花枯萎病

病原特征：棉花枯萎病菌是镰刀菌属，棉花枯黄萎病都是病菌侵染危害茎杆内的维管束组织，影响养分和水分向上输送，导致植株枯死。枯黄萎病属于土传病害，棉田一旦感染枯黄萎病，就会常年发生。新疆棉花枯萎病1963年始发现于莎车县，20世纪80年代先后扩展到南、北疆一些主要植棉县市。20世纪90年代中期之后，棉花枯萎病进一步扩大蔓延。

发生规律：枯萎病是典型的维管束病害，在整个生育期均可发生。枯萎病发生时间较早，子叶期即可发病，现蕾期前后为第1个发病高峰（图61-1），到结铃期发病明显减轻。7月下旬至8月上旬结铃期，地温达32℃以上时，棉株生长旺盛，病情停止发展，病株又长出新叶，此时出现“高温隐症”或症状减轻。结铃后期，随着气温和地温下降到24℃左右时，病情又有回升，出现第2个发病高峰（图61-2）。枯萎病一般土温达到20℃左右开始发病，25～28℃时达到发病高峰，当温度超过33℃时，枯萎病菌一般停止发作。据此新疆枯萎病发病时间一般在苗期至蕾期，病田减产5%～15%，较重的减产20%～30%，重病田减产达50%以上。

症状表现：①黄色网纹型。子叶或真叶的叶肉保持绿色，叶脉变成黄色，病部出现网状斑纹，渐扩展成斑块，最后整叶萎蔫或脱落，该型是该病早期常见典型症状之一（图61-3）。②黄化型。黄化型大多从叶片边缘发病，子叶和真叶的局部或整叶变黄，最后叶片枯死或脱落，叶柄和茎部的导管部分变褐（图61-4）。③紫红型。苗期遇低温，子叶或真叶呈现紫红色，病叶局部或全部出现紫红色病斑，病部叶脉也呈现红褐色，叶片随之枯萎脱落，棉株死亡（图61-5）。④青枯型。棉株遭受病菌侵染后突然失水，叶片变软下垂萎蔫，接着棉株青枯死亡。在多雨、灌水转晴时，常有青枯型发生（图61-6）。⑤皱缩型。皱缩型表现为叶片皱缩、增厚，叶色深绿，节间缩短，植株矮化（图61-7），有时与其他症状同时出现。枯萎病严重的，会导致植株死亡、叶片蕾铃脱落。枯萎病有时与黄萎病混合发生，症状更为复杂。枯萎病鉴定横剖病茎，可见发病植株的维管束颜色较深，木质部有深褐色条纹。

图61-1　棉花苗期枯萎病发病症状

图61-2　棉花花铃期枯萎病发病症状

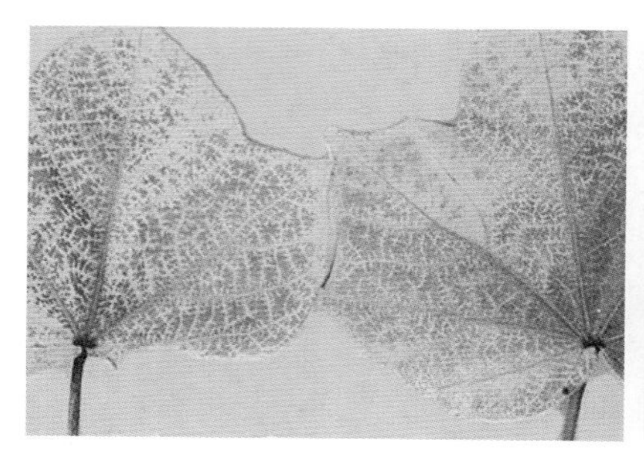

图61-3　棉花黄色网纹型枯萎病

图61-4　棉花黄化型枯萎病

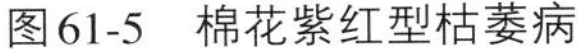
图61-5　棉花紫红型枯萎病

图61-6　棉花青枯型枯萎病

图61-7　棉花皱缩型枯萎病

防治方法：①选用抗病品种。抗病品种是解决枯黄萎病最经济有效的途径，也是根本的途径。②种子消毒处理，消灭种子菌源。如浓硫酸脱绒，多菌灵、菌毒清、黄腐酸盐等种子消毒。③加强棉花现蕾开花后水肥营养管理，提高棉花抗病性和抵抗力。④控制压缩轻病区，彻底改造重病区。采取轮作倒茬，减少病源。有条件地区实行水旱轮作，可以有效压低土壤菌源，起到防病效果。⑤发病后有针对性地补救防治。如叶面喷施磷酸二氢钾，棉花根部灌施棉枯净、DD混剂等，使其自然扩散吸附，达到治病效果。⑥严格保护无病区。病区收购或病田采摘的棉花要单收单扎，专车运输，专仓储存，棉籽榨油采取高温榨油方式。在调拨、引进棉种时要严格履行种子调拨和检疫手续。⑦及时消灭零星病点。对零星病株及时拔除，就地焚烧。并在病株周围1米^{2}的土壤灌药消毒，常用药剂有氨水、治萎灵等。

62. 棉花黄萎病

病原特征：棉花黄萎病菌属轮枝菌属，棉花枯黄萎病都是病菌侵染危害茎杆内的维管束组织，影响养分和水分向上输送，导致植株枯死。黄萎病害的病原菌主要借土壤、种子、肥料等进行传播，残留在土壤中的病菌孢子在温度适宜时，由菌丝直接侵染棉根。黄萎病菌在土壤里的适应性很强，病菌在土壤中一般能活20年以上，棉田一旦传入黄萎病菌，若不及时采取防治措施将以很快的速度蔓延危害，有棉花癌症之称。由于多种原因，棉花黄萎病在新疆棉区呈点片状普遍发生，北疆棉区重于南疆地区，目前，棉花黄萎病在南北疆发生面积和发病率均有扩大蔓延的趋势。

发生规律：黄萎病在棉花整个生育期均可发病。一般苗期很少表现症状，发病较晚，5 ～ 6片真叶时开始表现，现蕾以后开始发病，花铃期为发病高峰。黄萎病发病的温度较枯萎病低，气温25℃时发病率较高，28℃时减轻，高于30℃发病缓慢或停止。连作棉田、地势低洼、排水不良的棉田发病重。

症状表现：棉花黄萎病先在中下部叶片出现症状，逐渐向上发展，发病初期叶片变厚无光泽，叶边和叶脉间出现不规则黄色病斑，后逐渐扩展，叶片边缘向上卷曲，严重时除叶脉为绿色外，其他部分褐色枯干（图62-1)，叶片由下而上逐渐脱落，仅剩顶部少数新叶、小叶，蕾铃稀少，棉铃提前开裂，后期病株基部生出细小枝（图62-2)。纵剖病茎，木质部上产生浅褐色变色条纹。主要症状类型有：①黄色斑驳型。是黄萎病常见的症状，病叶边缘失水、萎蔫，叶脉间的叶肉褪绿或出现黄绿镶嵌的不规则形黄斑，逐渐扩大，叶片主脉仍保持绿色，似花西瓜皮。病叶边缘向上略微卷曲，继续发展，病叶变褐，枯焦脱落成光杆，仅剩顶端心叶或枯死。②落叶型。落叶型病株叶片叶脉间或叶缘处突然出现褪绿萎蔫状，病株叶片失水、变黄，一触即掉，植株枯死前成光杆。病株主茎顶梢、侧枝顶端变褐枯死，病铃、苞叶变褐干枯，蕾、花、铃大量脱落。③矮化型。病株叶片浓绿，叶肉肥厚，边缘微向下卷，挺而不萎，株型矮化但不皱缩丛生。④急性萎蔫型。夏天久旱后暴雨或大水漫灌后，棉株叶片突然萎蔫，似开水烫伤状，最后叶片全部脱落，棉株成为光杆，剖开病茎可见维管束变成淡褐色，这是黄萎病的急性型症状。⑤枯斑型。枯斑型的叶片症状为局部枯斑或掌状枯斑，枯死后脱落。

以上不同症状类型的黄萎病，剖杆检查，共同特征都是维管束变色，有浅褐色条纹（黑褐色则为枯萎病）。发病植株的维管束变色较浅，一般不会矮化枯死。总体表现植株矮化，落蕾落铃多，果枝减少，甚至没有果枝，单铃重减轻，品质下降（图62-3）。

图62-1　棉花黄萎病病叶

图62-2　棉花黄萎病病株

图62-3　黄萎病棉田

防治技术：贯彻“预防为主，综合防治”的方针，并根据不同棉区的发病情况因地制宜地采取防治措施。①种植抗、耐病品种是防治黄萎病最经济有效的措施。②严格保护无病区。严格执行检疫，禁止病区棉种调往无病区。病区收购或病田采摘的棉花要单收单扎，专车运输，专仓储存，棉籽榨油采取高温榨油方式。在调拨、引进棉种时要严格履行种子调拨和检疫手续。③控制压缩轻病区，彻底改造重病区 。一是实行大面积轮作，提倡与禾本科作物轮作，尤其是与水稻轮作，效果最为明显。将重枯黄萎病田改种水稻一年，再种棉花，第一年田间基本上见不到黄萎病株，第二年黄萎病发病率压低到10%以下，而且清除了死苗现象。二是铲除零星病区、控制轻病区。对病株超过0.25%的棉田采取人工拔出病株的方法。④加强肥水管理，提高棉花抗逆能力。在蕾、铃期及时喷洒缩节胺等生长调节剂，对黄萎病的发生有减轻作用。

63. 棉花角斑病

病原特征：病原为油菜黄单胞菌锦葵致病变种（棉花角斑病黄单胞菌）。

发生规律：该病的发生以种子带菌传播为主。病原菌主要在棉籽及土壤中病残体上越冬，可在土壤中存活18个月以上。该菌主要从表皮气孔或裂缝及虫伤等处侵入棉花组织，在细胞间隙繁殖，破坏叶内的组织，经8～10天产生症状。病菌常通过病组织侵入到维管束，后到达种子，造成种子带菌，铃壳上的病菌随病残体落入土中，成为翌年初侵染源。

图63-1 棉花角斑病

症状表现：棉花整个生育期都能遭受角斑病的危害（图63-1）。

陆地棉抗病力较强，长绒棉比较容易感病。子叶发病后，背面出现水渍透明圆形病斑，然后扩大变成黑色，并能扩展到幼茎上，使幼苗折断死亡。真叶发病后，病斑为灰绿色水渍状，后变成深褐色，因周围受硬化的叶脉限制，故呈多角形病斑。茎和枝条受害后，出现水渍状黑色病斑，发病严重的茎易折断。铃上发病为绿色透明油渍状斑点，病斑近圆形，几个病斑可相连呈不规则形，以后病斑变成褐色或红褐色而收缩下陷。

防治技术：采用代森锌杀菌剂。使用代森锌防止病害时，应把握在作物发病前或初见病斑时施药，才能取得较好的防效。

64. 棉花立枯病

病原特征：棉苗立枯病在我国各主要棉区都有发生，是北方棉区主要病害。棉花立枯病是新疆棉花苗期的重要病害，南北疆各棉区普遍发生，危害严重。它是由立枯病菌为主的多种病菌导致的一种复合性病害。

发生规律：播种后持续低温多雨天气、种子成熟度差或破籽瘪籽率高、播种过早或过深、地下水位较高或土壤湿度过大均会导致立枯病发生。多年连作棉田立枯病一般较重，发生不严重的棉苗气温上升后可恢复生长。北疆棉区受低温多湿气候条件的影响，该病发生重于南疆，一般发病率为27%～75%，死苗率为5%～12%。立枯病严重时会导致整穴棉苗死亡，棉田出现缺苗断垄。

症状表现：幼苗出土前引起烂种、烂芽和烂根。幼苗出土后，则在幼茎基部靠近地面处发生褐色凹陷的病斑；继而向四周发展，颜色逐渐变成黑褐色；直到病斑扩大缢缩，最终枯倒死亡(图64-1)。发病棉苗一般在子叶上没有斑点，但有时也在子叶中部形成不规则的褐色斑点，其后病斑破裂而穿孔。

防治技术：主要采取防治为主、棉种处理与及时喷药防治为辅的综合防治措施。①药剂拌种。精选种子，用种子重量0.5%的50%的多菌灵可湿粉剂或种子重量0.6%的50%甲基硫菌灵可湿性粉剂拌种。②适时播种。在不误农时的前提下，适期播种，可减轻发病。

③科学施肥。增施有机肥或施用酵素菌沤制的堆肥及5406菌肥。④药剂防治。发病初期，用10毫升30%甲霜恶霉灵或15毫升申嗪霉素+15毫升38%恶霜嘧铜菌酯，兑水15千克，顺着棉苗主茎喷雾，使药液顺主茎滴入土壤，连喷2～3次，间隔期10～15天。或用15毫升申嗪霉素+15毫升甲霜恶霉灵+15毫升38%恶霜嘧铜菌酯兑水灌根，连灌2～3次，间隔期5～7天。⑤加强田间管理。出苗后及时中耕，一般在出苗70%左右进行中耕松土，以提高土温，降低土壤湿度，使土壤疏松，通气良好，以利于棉苗根系发育，抑制根部发病。阴雨天多时，及时开沟排水防渍。加强治虫，及时间苗，将病苗、死苗集中烧毁，以减少田间病菌传染。

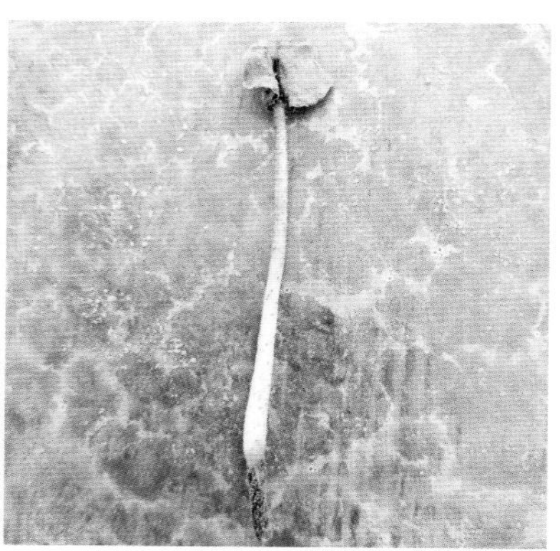

图64-1 棉花立枯病

65. 棉花红腐病

病原特征：棉花红腐病以串珠镰刀菌为主，半裸镰刀菌和禾谷镰刀菌等镰刀菌属的若干个种引起。

症状表现：红腐病致病菌为多种镰刀菌。其主要症状为，病菌侵害棉苗根部，先在靠近主根或侧根尖端处形成黄色至褐色的伤痕，使根部腐烂，受害时也会蔓延到主茎。染病棉苗的子叶边缘常常出现较大的灰红色圆斑，在湿润条件下，病斑会产生一层粉红色孢子。

防治技术：①选种无病棉种或隔年优质棉种，做好种子消毒。播前用50%的多菌灵可湿性粉剂、20%敌菌酮、50%代森锰锌可湿性粉剂进行拌种，可有效预防苗期红腐病。②清洁田园，及时清除田间的枯枝、落叶、烂铃等，集中烧毁；适期播种，加强苗期管理；及时防治铃期病虫害，避免造成伤口。③药剂防治。棉花苗期和铃期发病时，及时用65%代森锌可湿性粉剂500～800倍液+50%甲基硫菌灵可湿性粉剂800倍液，或80%代森锰锌可湿性粉剂700～800倍液+50%多菌灵可湿性粉剂800～1 000倍液进行喷洒，连喷2～3次，间隔期7～10天一次，防效较好。

图65-1　棉花红腐病

66. 棉花猝倒病

病原特征：棉苗猝倒病由瓜果腐霉病菌引起。

发生规律：土壤中存活的病原菌是棉花猝倒病发生的主要来源，含水量高的地块及多雨地区，有利于病菌的发育及游动孢子的传播。若土壤湿度低于15℃，萌动的棉籽出苗慢，容易发病。棉苗出土后，若遇低温阴雨天气，易发病。

症状表现：棉花猝倒病多在湿润条件下发病，主要危害幼苗，也侵害棉种和棉芽。棉苗出土后，病菌先从幼嫩的细根侵入，在幼茎基部呈现黄色水渍状病斑，严重时病部变软腐烂，颜色加深呈黄褐色，幼苗迅速萎蔫倒伏（图66-1）。同时子叶也随着褪色，呈现水

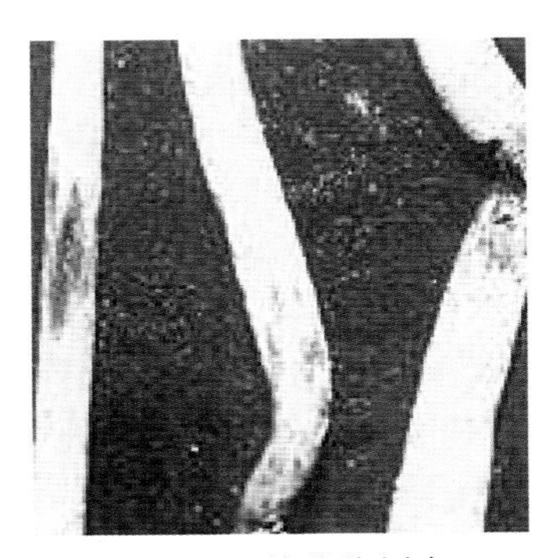

图66-1　棉花猝倒病

渍状软化。高湿条件下，病部常产生白色絮状物。与立枯病不同的是，猝倒病棉苗基部没有褐色凹陷病斑。

防治技术：①精选良种，培育壮苗。选取优质品种，用种衣剂拌种，可有效隔离病毒感染，加强呼吸强度，提高种子发芽率。足墒下种，但切忌湿度过大。②抓好肥水管理，根据气候状况酌情浇水，大雨后注意排水，防止土壤含水量过大；在花蕾期、幼铃期和棉桃膨大期喷施棉花壮蒂灵，促使棉株生长机能向生殖生长转化，使棉桃营养输送导管变粗，提高棉桃膨大活力，加快棉株循环现蕾、吐絮，提高优质商品率。

67. 棉花炭疽病

病原特征：棉花炭疽病的病原菌有普通炭疽菌和印度病原菌两种，在我国以普通炭疽菌较常见。

发病规律：病菌以分生孢子和菌丝体在种子上或病残体上越冬，第二年棉籽发病后侵入幼苗，在微碱性条件下发育较好。若苗期低温多雨、铃期高温多雨，炭疽病就容易流行。整地质量差、播种过早或过深、栽培管理粗放、田间通风透光差或连作多年等，都能加重炭疽病的发生。

症状表现：炭疽病常造成棉苗生育延迟，在我国各主要棉区都有发生。其主要症状表现为，棉籽发芽后受侵染，可在土中腐烂。子叶上病斑黄褐色，边缘红褐色，上面由橘红色黏性物质，即病菌分生孢子。或幼苗出土后，在茎基部发生紫红色纵裂条痕，逐渐扩大呈皱缩状红褐色棱形病斑，稍凹陷，严重时皮层腐烂，幼苗枯萎。病铃腐烂可形成僵瓣。见图67-1。

防治技术：①选用无病种子、进行种子消毒是防治该病的关键。②播种前种子包衣处理。③合理轮作，精细整地，改善土壤环境，提高播种质量。④苗期发病可用20%稻脚青800倍液，或50%多菌灵800倍液，或70%甲基硫菌灵1 000倍液均匀喷雾；若将喷雾器喷头中的旋水片取出，对准根茎部喷浇，效果也很好。蕾铃期发病，用50%多菌灵800倍液，或70%代森锌800倍液均匀喷雾。

图67-1　棉花炭疽病

68. 棉花轮纹病

病原特征：棉花轮纹病主要由大孢链格孢及细极链格孢引起。大孢链格孢致病力强，能直接侵入，在子叶或真叶上产生较大轮纹斑。细极链格孢致病力弱，常与其他寄生菌混合侵染或在有伤口时才能侵入。

发生规律：早春气温低、湿度高易发病。当气温从20℃突然下降至6～10℃，又有降雨，相对湿度高于75%，就能普遍发病。棉花生长后期，植株衰弱，遇有秋雨连绵也会出现发病高峰。

症状表现：轮纹斑病，又称黑斑病，是棉花中后期常见的病害，但以苗期危害子叶的损失较重（图68-1）。其主要症状为，受害子叶最初发生针头大小的红色斑点，逐渐扩展成黄褐色的圆形或椭圆形病斑，边缘为紫红色，一般具有同心轮纹。发病严重时，子叶上出现大型的褐色枯死斑块，造成子叶枯死脱落。

防治技术：①精细整地，精选种子，提高播种质量。②药剂拌种。用种子重量0.5%的50%多菌灵可湿性粉剂或40%拌种双可湿性粉剂拌种，也可用0.1%多菌灵溶液浸种，还可用克百威（呋喃丹）与50%多菌灵按1 ：0.5的重量配比，加入少量聚乙烯醇黏着剂，配成棉籽种衣剂，用棉籽重量1%的种衣剂处理棉籽后播种，对轮纹斑病及苗期棉蚜防效70%以上。③发病初期及时喷洒70%代森锰锌可湿性粉剂500倍液或75%百菌清悬浮剂500倍液、80%喷克可湿性粉剂600倍液、50%石硫合剂400倍液进行防治。

图68-1 棉花轮纹病

69. 棉花地老虎危害

危害特点：地老虎为杂食性虫害。四龄后咬断棉花嫩茎和棉花中下部，造成无头棉、公棉花、死苗等（图69-1）。幼虫潜伏地下，抗药力强。

图69-1 地老虎危害

发生规律：地老虎俗称地蚕、土蚕、切根虫。有小地老虎、黄地老虎和大地老虎三种，新疆黄地老虎危害较重，是新疆棉花苗期主要害虫。地老虎成虫昼伏夜出，对黑灯光、糖醋液有很强的趋性。

幼虫一至二龄期，白天和夜间在地面上活动。三龄四龄后，白天躲在土中，夜间出来活动危害棉花。

防治技术：①铲除杂草。播种前清除田间杂草，及时中耕消灭虫卵。②撒施毒土。③毒饵诱杀。采用棉籽饼拌毒饵，每亩用90%敌百虫50克，兑水2千克喷洒到2.5千克碾碎炒香的棉籽饼里，拌匀，在傍晚顺棉行每2米^{2}撒一小堆诱杀幼虫。④喷药防治。用90%敌百虫1 000倍液喷雾防治。⑤人工捕捉。在虫孔叶或段苗株附近，田间挖坑清晨人工捕捉，连续4 ~ 5天。⑥灌根防治。敌百虫、敌杀死、速灭杀丁等药液灌根。

70. 棉叶螨危害

危害特点：棉叶螨又称棉花红蜘蛛，各棉区均有发生，除危害棉花外，还危害玉米、高粱、小麦、大豆等。寄主广泛。新疆棉田害螨种类较多，分布广泛，棉叶螨在北疆发生危害重于南疆棉区，有的年份局部地区可造成棉花减产10% ~ 30%。暴发年份，造成大面积减产甚至绝收。它在棉花整个生育期都可危害。棉叶螨危害时，在棉叶背面吸食汁液，使叶面出现黄斑、红叶和落叶等危害症状，形似火烧，俗称火龙。轻者棉苗停止生长，蕾铃脱落，后期早衰。重者叶片发红，干枯脱落，棉花变成光杆。见图70-1。

发生规律：棉叶螨秋冬季节以雌成螨及其他虫态在冬绿肥、杂草、土缝内、枯枝落叶下越冬，下一年2月下旬至3月上旬开始，首先在越冬或早春寄主上危害，待棉苗出土后再移至棉田危害。杂草上的棉叶螨是棉田主要螨源。每年6月中旬为苗螨危害高峰，以麦茬棉危害最重，7月中旬至8月中旬伏螨危害棉叶。9月上旬晚发迟衰棉田棉叶螨也可危害。天气是影响棉叶螨发生的首要条件。天气高温干旱、久晴无降雨，棉叶螨易大面积发生，而大雨、暴雨对棉叶螨有一定的冲刷作用，可迅速降低虫口密度，抑制和减轻棉叶螨危害。

防治技术：①清除螨源。早春季节，清除杂草减少螨源；及时清除带螨植株，将带螨植株带出田外销毁，防止蔓延扩散。②以点片防治为主，对叶片出现黄白斑、黄红斑、叶片变红的棉株进行点片挑治。发现一株喷一圈，发现一点喷一片，可选用三氯杀螨醇、10%浏阳霉素、0.9%阿维菌素、73%克螨特、氧化乐果等药剂，按1：2 000倍药液定点定株喷雾防治。选择在露水干后或者傍晚时进行防治，增强药效，提高杀螨效果，同时要均匀喷洒到叶子背面，做到大田不留病株，病株不留病叶。为了防止棉叶螨产生抗药性，要搭配使用扫螨净、猛杀螨等杀螨剂。阿维菌素由于可正面施药，达到反面死虫的效果，防治起来更简单易行，且防治期长，效果稳定。③生物防治。棉叶螨的天敌较多，如瓢虫、捕食螨、小花蝽、蜘蛛等。有条件的地方，在棉叶螨点片发生期人工释放捕食螨，在中心株上挂1袋，中心株两侧棉株各挂1袋，每个袋中放置2 000头左右捕食棉叶螨。

图70-1 棉叶螨危害症状

71. 棉铃虫危害

危害特点：棉铃虫主要危害棉花的嫩蕾、嫩尖、心叶和幼铃（图71-1）。主要是2～3代棉铃虫危害。其中1龄幼虫主要危害嫩尖和嫩叶，2龄幼虫开始危害蕾、花、铃。幼蕾危害后苞叶张开脱落，棉铃危害后造成烂铃和僵瓣，可造成严重减产。

图71-1　棉铃虫危害症状

发生规律：棉铃虫俗称棉桃虫，属鳞翅目、夜蛾科，可危害棉花、玉米、番茄、向日葵、豌豆等作物，是一种暴发性、致灾性、毁灭性害虫。棉铃虫世代重叠，一般1年发生2代，有不完整的第3代。以蛹在土壤内越冬，地埂居多。越冬蛹一般5月中旬开始羽化，6月中下旬第1代幼虫进入危害高峰期；7月下旬第2代幼虫进入危害高峰期，此时幼虫主要危害棉花的花蕾、花苞、幼铃，7月间第1代老龄幼虫和第2代幼虫同时危害，棉花受害较重，7月底第2代幼虫开始入土化蛹；8月上中旬第2代成虫大量出现，8月中下旬第3代幼虫开始危害，此时主要危害棉花的花和青铃；9月随着气温的下降和作物的成熟收获，老熟幼虫钻入土中化蛹，深度3～6厘米，最深达10厘米。

防治方法：①加强监测预警。在各植棉区建立监测预警网点，进行系统监测，及时发出防治警报。②物理防治。利用棉铃虫成虫的趋光性，在棉田安装频振式杀虫灯诱杀成虫，能明显降低田间虫卵发生密度。一般每60亩安装1盏杀虫灯，灯高出作物50厘米，诱杀时间为5月1～9日。③农业防治。种植玉米诱集带，诱杀虫卵。在棉田四周种植早熟玉米，株距20～25厘米，利用棉铃虫成虫在黎明以后集中在玉米喇叭口内栖息和在玉米上产卵的习性，在玉米大喇叭期每天早晨日出前拍打心叶消灭成虫。6月30日至7月10日，在棉铃虫产卵盛期，砍除玉米诱集带，消灭虫卵；秋耕冬灌、铲埂灭蛹。在秋作物收获后封冻前，深翻灭茬，铲埂灭蛹，破坏蛹室，使部分蛹被晒死、冻死，再经冬前灌溉增加湿度，使大部分地中越冬蛹死亡。凡秋季未破埂的田块，开春后结合整地一律进行铲埂除蛹，可有效压低越冬基数；人工捉虫采卵；棉花间作高粱，诱集天敌。在棉田适当种植一些高粱，能够诱集蜘蛛、蚜茧蜂、瓢虫、食蚜蝇等天敌，吞食棉铃虫的卵和低龄幼虫。④选用转基因抗虫棉品种。抗虫棉不是完全不用防治虫害。在同样条件下抗虫棉一般较非抗虫棉蕾铃危害可减轻80%左右，防治指标较非抗虫棉高，一般情况不需防治。但在棉铃虫大暴发、棉铃虫数量远远超过抗虫棉防治指标时，也需采取辅助防治措施。另外抗虫棉只抗棉铃虫，不抗蚜虫、棉叶螨等类害虫，当棉田发生其他虫害时要及时防治。还需注意Bt抗虫棉也禁止使用Bt农药，防治棉铃虫产生抗性。⑤利用天敌进行生物防治。⑥化学防治。选用5%高效氯氰菊酯乳油1 000倍液、2.5%联苯菊酯乳油3 000倍液、1.8%阿维菌素乳油4 000～5 000倍液、40%辛硫磷1 500倍液等药剂喷雾防治。根据棉铃虫的活动习性，以上午10点以前或下午7点以后用药为宜。施药关键期是卵孵盛期，根据棉铃虫在田间的发生实况，及时预测预报卵盛期、孵盛期日期。掌握防治指标百株累计落卵量达20粒或3龄前幼虫达10～15头时，用药剂喷雾防治。

72. 棉蚜危害

危害特点：棉蚜虫是刺吸式口器，通常集中在棉叶背面、嫩茎、幼蕾和苞叶上吸食汁液，造成棉叶卷缩、畸形、叶面布满分泌物，影响光合作用，使棉株生长缓慢、蕾铃大量脱落（图72-1）。根据发生时间又分为苗蚜（5～6月）、伏蚜（7月）、秋蚜。新疆夏秋两季“伏蚜”和“秋蚜”严重危害棉花。它们集中在棉花叶背、嫩头和嫩

图72-1 蚜虫危害症状

茎上危害，严重时使顶芽生长受阻造成叶片卷缩、发育迟缓，蕾铃大量脱落，导致严重减产；同时它们排泄大量蜜露不仅影响棉株光合作用，还会污染棉花纤维，导致含糖量超标，严重影响棉花品质。

发生规律：冬季在不同植物上越冬的棉蚜，春季先在越冬寄主上繁殖一段时间。棉花出土后产生有翅蚜迁飞入棉田。春夏在棉田繁殖危害，秋季又产生有翅蚜飞回越冬寄主上越冬。在南疆棉蚜迁飞入棉田的时间一般在5月上中旬，点片形成在5月中下旬，全田发生则在6月下旬。棉蚜从零星发生到点片发生约7 ~ 10天，到全田发生约20 ~ 30天，一般在6月下旬或7月上旬棉蚜数量达到最高峰，以后随着气温升高，天敌增多棉蚜数量下降，7月棉蚜大多分散于棉株下部的叶片，7月底8月初棉蚜数量再度回升，到8月中下旬则形成第二次高峰。气候是影响棉蚜数量消长的关键性因素。干旱少雨较高的温度适合棉蚜虫发生，且繁殖能力强。据资料分析苗蚜适宜发生的气温为22 ～ 27℃，伏蚜为23 ～ 29℃，秋蚜为16 ～ 20℃；在气温适宜的情况下雨水较多或时晴时雨，有利于棉蚜发生。另外，连续不断喷药，大量天敌被杀伤是导致棉蚜猖獗发生的主要原因之一。新疆棉田蚜虫天敌种类较多，常见的天敌约有25种之多，其中以瓢虫类占多数，其他有食蚜蝇、草蛉、蚜茧蜂、盲蝽、绒螨、蜘蛛等。棉田天敌一般在6月上旬出现，最初出现时数量较少，直到6月中下旬，即当地小麦成熟时，麦田天敌大量转入棉田，棉田天敌数量才急剧增长。在北疆，由于天敌发生盛期与蚜虫发生盛期相吻合，所以天敌对棉蚜跟随性较好，控制力较强；而在南疆由于天敌发生盛期介于棉蚜两次发生高峰之间，所以天敌对伏蚜跟随性较差，对苗蚜的跟随性则取决于苗蚜盛期出现的迟早和来自麦田天敌的多寡。棉蚜在冬天常会寄生在一些植物上过冬，这些越冬寄主有一串红、玫瑰、月季、菊花、石榴、花椒、木槿及黄瓜、芹菜等。据此，对棉蚜越冬寄主进行防控是治标的根本。

防治方法：根据棉蚜虫发生特点，棉蚜虫防治在“预防为主，综合防治”的基础上，强调充分利用和发挥自然天敌的控制作用，以增加棉田前期天敌数量入手，辅之以科学合理的化学农药的使用，达到持续控制蚜害的目的。①以生物防治为主，保护利用天敌，充分发挥生物防治作用。②点片防治。对点片发生的棉株采取拔除和涂茎办法。用涂茎器（棍柄上捆绑棉球）蘸取1 ：5的久效磷或氧化乐果配比液，涂抹到棉株红绿相间部位的一侧，涂抹长度1厘米。③增益控害技术。合理调整作物布局，麦棉邻作，可有效地增加棉田天敌数量。据研究表明，麦收前，麦棉邻作棉田天敌数量百株为97头，而棉－棉邻作棉田天敌数量百株为86头，前者比后者多12.8%；麦收后，麦棉邻作棉田每百株天敌为2 496头，而棉－棉邻作棉田每百株天敌则为1 944头，前者比后者多28.4%。由此可知，尽可能地使麦田与棉田邻作是增大棉田天敌数量控制蚜害的有效技术。种植诱集天敌植物，在棉田周围种植油菜，地头和林带种植苜蓿，可有效地增加棉田前期天敌数量，有效地控制棉蚜危害。研究表明，地边种植油菜的棉田天敌量是未种油菜棉田天敌量的1.5倍。④保益控害技术。采取隐蔽施药方法，采用内吸性农药以点片涂茎的方法加以控制，既可有效地控制棉蚜数量，又可最大限度地保护田间天敌生存发展。合理控制化学农药使用，防治其他虫害时，采用生物农药尽量减少对天敌的杀伤。⑤加强蚜源防治。室内外蚜源的防治，在温室秋季关窗后和春季开窗前，采用挥发性强的化学农药进行薰杀，或用残效期短的农药溶液喷施，均可取得良好的效果。⑥化学防治。根据益害比，当益害比超过1：150，卷叶率＞30%时，可考虑化学喷雾防治。

73. 棉蓟马危害

危害特点：棉蓟马的发生危害日益加重，对棉花产量影响较大，已成为新疆棉花主要害虫。蓟马成虫和若虫多集中在棉株嫩头和叶背吸取汁液，受害棉花子叶肥厚，背面出现银白色的小斑点；生长点焦枯，造成多头棉、公棉花、破叶状和受害处出现锈斑等。危害严重者，造成缺苗，使棉株生育期推迟，结铃少而减产。花蕾期棉蓟马主要在盛开的花中危害（图73-1），刺吸柱头，量大时影响棉花的受精过程，使棉花产生无效花并脱落，影响棉花早坐铃及秋后抓盖顶桃，从而影响棉花的产量。

发生规律：蓟马喜欢干旱，最适宜的温度为20～25℃，以25℃最为有利，当气温为27℃以上时对其有抑制作用。相对湿度40%～70%，春季久旱不雨即是棉蓟马大发生的预兆。棉蓟马一般在棉花出苗后，陆续侵入棉田危害，躲在叶背面边缘取食。棉蓟马危害主要表现在棉花苗期和花蕾期。新疆棉区一般在5月下旬结束危害。

防治方法：早春做预防性喷药防治一次，一般选用吡虫啉、啶虫脒类农药，或与拟除虫菊酯类农药（如高效氯氰菊酯、功夫菊酯）、有机磷类（如毒死蜱、乐斯本）混用防治，也可采取呋喃丹、涕灭威、甲拌磷等药剂拌种防治。在棉花出苗至3片真叶期，进行一次预防性防治，采取喷药化学防治。花期，当每朵花中虫量达百头以上就必须进行防治，否则就会引起蕾铃大量脱落，对产量造成较大影响，同时要选择对天敌比较安全的农药进行防治。

图73-1　棉蓟马危害症状

74. 棉盲蝽危害

危害特点：棉盲蝽主要危害棉花嫩头、嫩叶及花蕾等部位（图74-1），在蕾花期危害较重。嫩头被害，形成多枝的乱头棉，称之为“破头疯”；嫩叶危害，造成烂叶，称之为“破叶疯”。棉盲蝽以刺吸式口器，刺吸棉株嫩头幼芽生长点和幼嫩花蕾果实的汁液，形成枝条疯长，引起棉蕾脱落，结铃稀少。幼芽受害，造成“枯顶”；幼蕾受害，干枯呈黑色；大蕾受害，苞叶张开枯黄；幼铃受害，僵枯干落。地膜棉花在6月上旬至7月上旬为棉盲蝽危害盛期，致使棉株2～5台果枝的棉蕾脱落，尤其是造成内围铃，即果枝第一节位的蕾铃大量脱落，导致棉株中部果枝、果枝节和棉铃稀少，即棉株“中空”，而造成旺长。严重时，可使6月的棉花形成无蕾棉株，对棉花的生长发育和产量形成影响极大。

发生规律：新疆棉盲蝽以牧草盲蝽为主，一年发生3～5代，6月大量迁入棉田危害，长绒棉田由于生长较快，前期虫口比陆地棉多，受害较重。地膜棉花在5月下旬至7月上旬为棉盲蝽危害盛期，雨水偏多是其大发生的重要诱因，特别是6月雨量偏多、湿度大，棉苗嫩绿旺盛，棉盲蝽产卵多，繁殖快，虫量大，危害重。棉盲蝽具有“趋嫩、嗜蕾、怕光、善飞”的习性，喜欢危害棉花幼蕾，因此，棉花现蕾的早晚、多少和现蕾期的长短，与棉盲蝽的发生危害有密切关系。现蕾早而多、蕾期时间长、含氮量高的棉株，棉盲蝽危害也早而严重，持续期长。

防治方法：针对棉盲蝽“趋嫩、嗜蕾、怕光、善飞”的习性，可采用“晴天早晚打，阴天全天喷”的防治措施，采用的农药品种有阿维菌素、吡虫啉、辛硫磷、毒死蜱、氟虫腈、丙溴磷等。

图74-1　棉盲蝽危害症状

附　录

1. 棉花生长异常的定义

棉花生长异常是指棉花生物体（根、茎、叶、蕾、花、铃等器官）及其内部各种代谢（光合作用、呼吸作用、蛋白质的合成及降解）在生长发育过程中偏离正常状态的现象。一个是外因，表现在作物体形态的偏离，一个是内因，表现在机体内部各种代谢的偏离。无论是哪种异常，都会给棉花生产和棉农收入带来较大损失，特别是在有害生物和非生物胁迫发生的极端年份，造成的损失难以估量。

2. 棉花生长异常科学诊断方法

诊断是根据观察结果做出的判断。即由观察结果提出假设，然后对假设的正确性进行试验验证，从而提出防治措施。概括地说，诊断是对多种原因的假设进行验证，明确主要原因真实结果的过程。棉花生长异常诊断就是对生长的异常现象进行观察，分析可能引起异常现象的原因，从而对异常现象提出可能的对策。获得正确的诊断结论、判断引起异常的正确原因，提出有效对策是诊断的前提和关键。假设的正确性与否要用防治措施进行验证，防治措施能够减轻或抑制异常现象，就说明假设是正确的，反之就说明假设是不正确的。诊断的正确性就是假设的正确性。如作物生长发育出现异常现象，通过土壤分析发现土壤中含有大量钾元素，据此诊断为钾过剩症，再如作物生长发育出现某种障害，通过分析症状部位特征，认为是缺钙引起，从而主观的诊断为缺钙症，由此采取减施钾肥和增施钙肥措施，但都没效果，就说明假设是错误的，也就说明诊断是错误的。这种诊断的错误在于没有对钾过剩和缺钙的假设进行验证，属于不科学的诊断。棉花诊断过程中生长异常现象的症状相同相似，但原因不同的情况经常出现，所以必须进行科学诊断，必须进行验证，必须满足验证条件。

3. 棉花生长异常诊断程序

棉花生长异常诊断程序要科学。诊断的第一步是要区别引发生长异常各种障害。导致棉花生长异常的障害有多种，是生物胁迫所致还是非生物胁迫所致，是侵染性还是非侵染性要做全面调查。①全面调查相关田块及相邻田块障害的发生情况，通过走访了解障害发生的经过、上一年及前茬生长情况、品种、管理、用药种类数量情况。②把握发生生长异常田块的土壤条件。③观察植株个体情况，对症状及症状部位进行详细调查，由此做出相关判断，以区别各种障害。比如侵染性病害在田间多以点状、片状分布，个体之间受危害的程度差异较大，随着时间推移，条件适宜情况下，在田间迅速扩散蔓延；一般在同一地区、多种作物或特定作物同时产生同样症状，由病虫害、气象灾害引起的障害异常可能性较大；而只在同一地块均匀发生某种障害与肥料的缺乏、过剩或供给失调等营养障害，或除草剂、杀虫剂、杀菌剂、生长调节剂等引起药害关系较大；由病菌引起的病害，常常在根、茎的维管组织会发生褐变，叶部位、铃组织会找到引起障害的原因。需要注意的是，棉花生长异常诊断会遇到各种困难。因为产生生长异常的外观症状常常相似而原因是多种的（土壤、生物、非生物等因素），所以诊断时要同时考虑这四个方面，全面了解相似的生长异常现象，正确判断引起异常的原因，否则会导致不全面或错误的诊断。

4. 棉花生长异常原因及分类

棉花生长周期长，整个生长期6 ～ 7个月，期间导致棉花生长出现异常的原因有多种。

根据引发生长异常原因的性质分类：分为不利的环境因素、技术因素（技术的使用不当、不规范、不到位等）和人为因素（错配药剂植物生长调节剂、机械清洗不到位等）。

根据引发生长异常的障害种类分类：分为生物因素和非生物因素胁迫所致。生物因素胁迫包括病虫害等，非生物因素包括土壤障害、药害、灾害、营养障害等。其中各种障害持续发展导致生理机能受损，就演变成生理障害。

根据引发生长异常原因的主次分类：分为内因、外因和诱因。外因主要指存在于棉花植物体之外，而与障害有关的因素，包括土壤化学因素：土壤的pH异常、高盐浓度、各种养分缺乏或过剩，有害元素的存在；土壤物理因素：包括土壤过干过湿板结等引发的透水性、透气性；药剂：杀虫杀菌调节剂激素除草剂的误用错用残留等；农业生产资料：未腐熟肥料等；环境污染：重金属污染（铜、镉、砷、锌等）、大气污染（二氧化硫）、水体污染（有害有机物）；病虫害：各种病原菌和害虫；营养障害：某一营养元素在土壤或植物体内含量的异常。诱因包括：气象环境（光、温、水、气等）和土地条件（地形、土壤类型）。内因包括：品种（易发生障害的品种如不抗病虫、不抗盐碱等）、栽培方式（不适宜的耕作方式、灌溉方式、种植密度、种植模式、群体结构等）。

引发生长异常的主要因素：气候环境因素有霜冻、低温冷害、倒春寒、高温、热害、干热风、干旱、大风、沙尘暴、冰雹、雨涝、冷态年型、急剧的秋季降温、过短的无霜期、不足的热量（阶段性不足的积温、器官组织发育的三基点温度、过低的夜温）、不足的光照（连续的阴雨寡照、通风透光差的郁闭田间环境）、不足的透气性（土壤板结、田间郁闭通风差）。土壤因素有盐碱、重金属污染（铜、镉、砷、锌等）、板结、过湿过干的土壤、质地黏重的土壤、保水保肥差的土壤、养分缺乏或过剩的土壤、地膜残留多的土壤、土壤次生盐渍化。农艺因素有对环境不适应过敏感的品种、不适宜的耕作方式灌溉方式种植密度种植模式等，不合理的播种、肥水调控、化学调控、机械物理调控和病虫害防治措施等。营养因素有肥害，未腐熟肥料，不足或过剩的氮、磷、钾、钙、镁、铁、硼、锰、锌、铜、镍、钼等。病虫草害因素有棉花苗期的立枯病、炭疽病、猝倒病、轮纹斑病、褐斑病、角斑病、茎枯病，成铃期的炭疽病、曲霉病、角斑病、棉铃疫病、棉铃红腐病、棉铃红粉病、棉铃黑果病、棉铃灰霉病、棉铃软腐病和新发裂铃病（裂果病），生长期的棉花枯萎病、黄萎病、角斑病；主要虫害有棉铃虫、棉蚜虫、棉红蜘蛛（棉叶螨）、棉蓟马、盲椿象、地老虎等；主要草害有马唐、稗草、狗尾草、画眉草、金色狗尾草、芦苇、藜、灰绿藜、小藜、苍耳、田旋花、苘麻、野西瓜苗、反枝苋、凹头苋、龙葵等。

5. 棉花生长异常主要表现

棉花生长异常主要表现地上部主要器官形态和内在的生理代谢的异常。棉花生长异常现象贯穿棉花生长一生。在棉花不同生长发育阶段和不同组织器官均会有发生。棉花生长异常主要表现在器官组织（根、茎、叶、柄、枝、蕾、花、铃、株等）形态上的异常（皱褶、萎蔫、黄化、腐烂、畸形等）。如表现在枝叶或植株枯萎、皱褶、畸形黄化（缺铁、缺钾、磷过剩或低温障害）、白化、萎蔫、变红、变暗、变老；生长点停止生长或畸形；花器、苞叶、铃畸形；幼铃裂果；茎倒伏、矮化、簇生；根腐烂（根腐病根腐线虫）、表皮异常粗糙膨大（根腐病线虫、缺硼除草剂）、剖面黑色褐色（缺硼、黄萎病、各种土传病害、渍害、盐害）；器官、组织的坏死等。在代谢上表现为纤维含糖高等。

6. 棉花生长异常防治措施

防治措施制定要科学。防治措施要有针对性、全面性、配套性、实用性。要从品种、土壤、肥水、化控、管理、病虫草害发生与防治、栽培、打顶、药剂、天气、棉花生长状况等全面制定防治措施。要充分利用棉花生长发育特性，综合考虑各方面因素，综合施策，科学施策。

防治措施要本着营造有利棉花生长的适宜的气候条件（适宜播

期的确定、生长发育期与高能辐照期的同步等)、通风透光的棉田小气候条件、适宜的土壤条件（疏松、透气、保水、保肥、墒度）和有害生物少的生长环境等，避免和减少生长异常发生，将异常发生的损失降低到最低。据此，防治措施要做到预防为主，建立长效机制，加强技术、人才、装备和农业基础设施建设。建立各种灾害性预测预报、人工干扰气候技术、农田防护林灌溉排盐碱渠道标准农田建设、人才培训和科普建设，形成促早熟技术、抗逆品种选育和恢复生长技术的技术体系。

特别需要注意的是，由于农业生产环境复杂，很多生长异常现象可能是多重原因所致，加之产生生长异常的外观症状常常相似，所以棉花田间生长异常诊断具有较大难度，力求全面分析验证，从整体环境看问题，不能简单地根据现象进行诊断判断，不能武断、不能以偏概全，要全面分析验证，导致异常现象的原因、因素包含在诊断判断的分析中，才能提出有效对策，这样的诊断和防治才有意义。

7. 棉花苗期生长异常诊断及防治

苗期棉花生长异常表现：旺苗、弱苗、高脚苗、僵苗、烂根、多头棉、公棉花、破叶棉、死苗、病苗等，症状见具体生长异常诊断。

苗期棉花生长异常诊断指标：子叶节高度、主茎日增长量、出叶速度、高宽比、叶位、叶色等。

苗期棉花生长异常主要原因：①低温、冷害、倒春寒、大风、冰雹等不利气候因素导致的棉苗弱苗、僵苗、烂根等。②土壤过湿、土壤质地黏重板结、土壤盐碱重、土壤次生盐渍化、土壤病菌等土壤障害导致的死苗、弱苗、僵苗、病苗、根系下扎不利等。③高温、高湿及化控不及时等气候与土壤和管理不到位综合引发的高脚苗、旺苗。④虫害真菌性病害引发的破叶棉、死苗、烂根等。

苗期棉花管理目标：①苗全、苗匀、苗壮。②壮苗早发、地上生长与地下生长协调，壮苗先壮根，以促地下生长为主。③从出苗至5月下旬现蕾的时期，苗期生长总体呈现“矮、稳、敦”结构，即“脚矮、稳健、敦实”。具体指标：现蕾时机采棉株高18

～25厘米，手采棉株高18厘米左右，现蕾前株宽>株高，宽高比2.5，现蕾时宽高比1∶1，红茎比0.4～0.5，主茎节间长度3～4厘米，叶片数6片，叶面积0.3厘米^{2}左右，主茎日增长量0.45厘米，主茎叶龄日增长量0.2片。苗期棉田土壤持水量保持在55%～60%为宜。避免或减少旺苗、弱苗、高脚苗、僵苗、烂根、多头棉、公棉花、破叶棉、死苗和病苗的发生。棉花苗期1～6片叶的生长、发育、结构指标如下：

叶　龄	日　期	株高（厘米）	红茎比	宽高比	叶面积指数
1叶期	5月2日	2.5	0.5	4	0.5～1
2叶期	5月6日	4.25	0.5	3.2	
3叶期	5月12日	6.35	0.55	3	
4叶期	5月17日	8.75	0.57	2.5	
5叶期	5月21日	10.5	0.58	1.6	
6叶期	5月25日	13.5	0.6	1	

苗期棉花管理原则：对地上棉花生长采取以压、控、蹲为原则的措施，对地下根系生长采取以促根为原则的措施。具体采取化控、中耕、叶面调控、蹲苗为主的措施。

苗期棉花生长异常防治措施：根据不同因素引发的生长异常，采取科学施策。①做好化学调控（化控）。指利用赤霉素、缩节胺等化学生长调节剂（激素），主要针对旺苗或僵苗进行的调控。化学调控一般掌握轻、勤、早的原则，即少量多次，早为宜。②做好机械物理调控。指通过中耕、揭膜等方式，主要针对低温、冷害、土壤板结、旺长、晚发等问题进行的调控。③叶面肥的调控。利用尿素、喷施宝等水溶液进行叶面喷施，主要针对弱苗、僵苗等棉花进行的调控。④病虫害防治。出苗后，及时防治棉蓟马、地老虎、盲蝽、棉花烂根病等，防止死苗、缺苗、多头棉、破叶棉产生。

8. 棉花蕾期生长异常诊断及防治

蕾期棉花生长异常表现：主要表现在生殖生长与营养生长不协调，营养生长过旺徒长或营养生长过弱、发棵慢、苗架过大或过小、棉株过于高大、小行过早完全封行，棉株过于矮小（开花时株高＜40厘米）、小行不封行，生殖生长现蕾推迟、蕾少、蕾小或生长点花蕾集中簇拥在一起形成蕾包叶状态（正常应为叶包蕾），棉花节间紧缩或过长、主茎节间长度＜3厘米或节间长度＞7厘米，叶色鲜嫩或黑绿无光泽或叶片黄化、日出叶速度明显大于或小于0.2片、叶面积指数＜1或＞1.5，主茎日增长量明显大于或小于1.26厘米，棉花趋光性差，花蕾干枯脱落，破叶疯，破头棉等都是蕾期棉花生长异常的表现。

蕾期棉花生长异常主要诊断指标：棉花叶色、趋光性、中午高温萎蔫后傍晚叶片张力的恢复度、出叶速度、蕾量、蕾大小、蕾叶生长关系、蕾脱落、红茎比、主茎日增长量、节间长度、蕾叶生长点受害程度等都是蕾期棉花生长是否异常的主要诊断指标。蕾期土壤田间持水量60%～70%为宜。

蕾期棉花生长异常的主要原因：①高温、高湿（田间持水量85%）、土壤肥力高、地下水位高及化控不及时管理失调等综合因素引发的营养生长过旺、植株高大徒长、株间郁闭，通风透光不良。②土壤墒度差（棉田土壤持水量＜65%）、肥力低、土壤质地黏重板结、土壤盐碱重、土壤次生盐渍化、土壤病菌等土壤障害导致的营养生长慢、发棵小、苗架小。③盲椿象、蚜虫、枯黄萎病、雹灾等病虫自然灾害引发的破叶棉、破头棉、叶黄化干枯、蕾干枯脱落等。④棉田营养障害引发的各种缺素症状。⑤蕾期阶段光照不足，丰产架子搭不好。

蕾期棉花管理目标：①协调营养生长与生殖生长，促棉株营养与生殖生长协调稳健，营养与生殖生长呈现“多、快、匀”特点，即果枝果节花蕾多，主茎生长快，棉花群体与个体结构均匀一致。②搭好丰产架子，构建好株高、果枝数、果节数和蕾数的基本数量及时空分布。在6月底7月初，果枝数平均达到7 ～ 9台，单株第二果节数平均2 ～ 3个，单株蕾数平均15 ～ 18个。主茎日增长量每天为1.26厘米左右，盛蕾期株高30厘米左右，开花时株高40厘米左右，6月中下旬能够开花。棉花节间生长、群体结构、个体大小均达到均匀一致。主茎节间长度平均3 ～ 5厘米，不宜过长，也不宜忽长忽短。叶龄日增长量大于0.2片。叶面积指数1 ～ 1.5，棉花大行不封行，小行有缝隙。

蕾期棉花管理原则：以协调营养和生殖生长、合理构建丰产架子为中心，盛蕾期前主要利用棉花的自身调节，采取减化控、稳叶面调控的技术措施，盛蕾期后采取以稳水、控肥、增化控为特征的组合调控措施，协调营养与生殖生长。对茎、叶、枝、节、蕾的生长发育进行调控塑型，塑造合理生长发育结构。

蕾期棉花生长异常防治措施：根据不同因素引发的生长异常，采取科学施策。①做好化学调控（化控）。5月下旬至6月中下旬的蕾期，不易过早浇水追肥，对于此期茎细、茎长、茎高的旺苗蕾少棉花，主要采取缩节胺化学调控。②叶面调控。对于5月下旬至6月中下旬的蕾期棉花，此期如果枝短、枝慢、茎矮、苗弱，利用尿素、喷施宝等水溶液进行叶面喷施进行调控。③盛蕾期的肥水调控。盛蕾期是棉花对肥水比较敏感的时期，称为棉花变脸期，此期根据棉花长势长相和土壤肥力含水量，确定头水时间是推迟还是提前及是否追肥及追肥量。④做好棉盲蝽和蚜虫的预防工作。蕾期是棉盲蝽、蚜虫主要发生期，防止蕾咬、蕾掉。⑤蕾期是新疆雹灾频发期，应做好雹灾的预防工作。

9. 棉花花铃期生长异常诊断及防治

花铃期棉花生长异常主要表现：疯长、早衰、落铃、假旱、铃病、烂铃、晚熟等。

花铃期棉花生长异常主要诊断指标：群体叶面积、冠层结构、群体透光性、群体底部光斑面积、封行早晚、铃叶受光量、花位进程、成铃率、烂铃情况、伏前桃伏桃秋桃比例、群体光合能力、耐密性、弱株比例、土壤持水量、病虫发生危害情况等。

花铃期棉花生长异常主要原因：既有单一因素，又有多种因素综合作用结果。①技术原因。没有按照棉花栽培技术规程合理进行肥水、化学、机械物理（揭膜打顶中耕）调控，棉花肥水、化学、机械物理调控的时间强度失调所致。②光照不足。连续阴雨寡照天气和棉田群体过大导致的棉田通风透光差，群体光合能力弱、耐密性差。特别是新疆高密度种植，生长异常棉田封行过早，中、下层叶片光照条件恶化，部分棉叶经常处于光补偿点附近，铃叶受光量差，最大叶面积时群体底部没有光斑，或光斑面积＜5%，以致光照难以满足棉花的需求。花铃阶段光照不足，脱落严重难坐桃就是生长异常的表现。③不利的环境条件如干旱、灌溉量不足，土壤0～50厘米土壤湿度小于田间持水量的65%。棉花花铃期生长旺盛，需水达高峰，阶段需水量占总需水量的一半以上，水分耗损以叶面蒸腾为主，土壤水分以田间持水量的70%～80%为宜，过少会引起早衰，过多棉株徒长，增加蕾铃脱落。④花铃期冰雹等灾害性天气，造成茎叶棉铃受损。⑤病虫危害。棉花黄萎病、棉铃虫、蚜虫、红蜘蛛等病虫危害。

花铃期棉花管理目标：①促进生殖生长，降低蕾铃脱落，保持库源平衡，棉花营养器官偏老相为宜，协调开花进程，建立合理群体结构。②棉花生长发育呈现低脱落，群体与个体优，棉花大行推迟、似封非封有缝隙、底部有可见光斑、中下部铃、果枝叶受光好。③促进开花成铃进程，努力实现脚花压底、腰花满身、顶桃盖顶的成铃结构，实现花铃发育与高能富照期同步。④生长发育结构具体为：花铃期叶龄日增长量0.13片，主茎日增长量1.46厘米；7月中旬花开到中部，8月初花上梢，花位不易过慢或过快；7月上旬已有可见铃2～3个，7月下旬单株结铃达到3.5～4个，打顶后株高控制在60～70厘米；果枝数9～10个，棉花大行似封非封，有缝隙，群体稳健，田间通风透光好，病虫害少；叶面积指数花期0.7～1.2、盛花期1.5～2.0、盛铃期2.0～3.0、铃期3.5～4.0、冠层总的光截获率平均在94%左右，漏射率3%～4%，8月上旬盛铃期棉花封行时间推迟；花铃期棉田土壤持水量保持在70%～80%为宜。

花铃期棉花管理原则：此期是调控棉花群体结构关键时期，也是避免出现各种生长异常的关键时期。①对于正常棉田和早衰棉田采取以重水重肥重化控为特征的技术调控措施，满足花铃期棉花对肥水的大量需求。②对于偏旺棉田采取以控为主，稳水、稳肥、稳化控为特征的组合调控措施，既满足花期棉花生长发育对肥水的需求，也塑造好棉花的各种结构。③做好3个关键生长点的调控：一是做好7月肥、水、温三碰头期的调控；二是做好8月上中旬断花期的栽培措施的调控；三是做好整个铃期的栽培调控。

花铃期棉花生长异常防治措施：①根据土壤持水量、天气、棉花长势长相有针对性进行肥水化学调控。正常棉田，采取以重水重肥重化控为特征的技术调控措施，做到肥、水、温三碰头，避免高温热害引起的弱株、顶空问题，土壤持水量保持在70%～80%，一般每7～10天滴灌一次，亩滴水20～30米^3，亩追施棉花专用肥5～8千克，滴水前或滴水后每亩喷施缩节胺2～4克。旺长棉田，采取以控为主、稳水稳肥稳化控为特征的组合调控措施，及时采取化控、水控、肥控、机械物理调控，减少滴灌频次、降低滴灌强度和施肥强度，具体滴灌追肥间隔周期根据实际确定。同时做好化控，控制果枝尖生长，特别是在8月上旬的断花期，塑造合理群体结构，保障叶面积指数（LAI）逐渐回落，合理分配干物质，促进棉株生长中心由源向库的转移，提高同化物利用率，避免技术强度过强造成的营养旺、结构大、通风透光差等问题。早衰棉田和正常棉田一样采取以重水重肥重化控为特征的技术调控措施，满足花铃期棉花对肥水的大量需求。土壤持水量保持在70%～80%，一般每7～10天滴灌一次，亩滴水20～30米^3，亩追施棉花专用肥5～8千克。注意增施磷钾肥，稳施氮肥。由于磷在土壤中流动性差，加之利用率低下，因此，磷肥施用对防治棉花早衰也极其重要。中后期加施硼、锌微肥，同时做好叶面调控，叶面喷施磷酸二氢钾溶液，塑造合理群体结构、保障叶面积指数和叶功能（LAI）回落下降慢，增加干物质积累，延缓衰老。②加强病虫害防治。主要是棉铃虫、红蜘蛛、铃病的危害（见病虫害防治）。③做好花铃期的雹灾预防工作。

10. 棉花吐絮期生长异常诊断及防治

棉花吐絮期生长异常表现：①贪青晚熟。晚秋桃比例高，铃期长（铃期延长到60～70天，甚至更长），棉铃开裂吐絮慢，吐絮不畅，无效铃比例高。北疆9月初未见吐絮，南疆9月中旬未见吐絮，棉花群体过大，群体叶面积光合速率回落下降缓慢，田间郁闭，赘芽多，侧枝还在开花，营养器官偏嫩等。②棉花早衰。植株矮小，叶片褪绿或出现红叶或叶片过早枯萎或有病斑，棉花光合速率明显下降，营养器官偏老，出现二次生长，8月下旬过早吐絮等。③出现落铃、干铃、烂铃和叶病。④倒伏。

棉花吐絮期生长异常主要原因：①低温寡照多阴雨的不利气候条件。当日平均气温低于16℃纤维停止生长，日平均气温低于21℃纤维素淀积加厚趋于停滞、纤维素在棉纤维中的淀积和油脂在种胚中积累发生障碍，晚秋桃生长就受到抑制，表现为铃期长、吐絮慢、吐絮不畅、铃重轻。当出现日平均温度降到10℃以下的天气，棉株就会停止生长。吐絮期棉花需要较多的日照时数，较强的光照强度，较高的空气温度和株间温度，较低的大气和棉田空气湿度。相反，连阴雨、寡照、温度低、棉花群体大、株间光照、温度差，田间土壤持水量大，湿度高，都不利于加速碳水化合物的形成、积累和转移，也不利于促进脂肪和纤维素的形成、积累及铃壳干燥开裂吐絮。新疆9月中下旬经常出现的低温冷害，中后期经常出现的田间郁闭湿度较大透光差，都是延迟吐絮、吐絮不畅易烂桃的主要原因。②停水晚、地力强、肥水投入足、化控强度不够导致的群体叶面积回落慢、光合速率下降慢、叶功能期长、叶色褪绿慢，造成棉花贪青晚熟。③土壤持水量过低＜60%，环境干燥，肥力低后劲不足，加重早衰，影响棉籽正常发育。④土壤缺素。如缺钾等。⑤病虫危害。如铃病、秋蚜、棉铃虫、蓟马等。

吐絮期棉花生长异常诊断指标：絮位快慢、铃系质量、叶面积回落、叶色、群体光合速率、光照、土壤持水量、9月夜温等。

吐絮期棉花生长管理目标：①以保障增加干物质积累、合理分配干物质、加快棉株生长中心的及时转移、提高同化物利用率为目标。②以防早衰、防贪青晚熟、防咬、防掉、防烂、防干，促进中上部棉铃发育，增铃重为目标。③保障具体性状目标合理。群体大小逐渐回落，叶面积指数和叶功能回落下降不过快也不过慢，盛铃后期至絮期叶面积指数3.5 ~ 2.5，赘芽少、棉花大行保留缝隙、白天棉田冠层下部有光斑。群体光合下降平稳，保持正常叶功能，棉田不早衰也不旺长。光合速率下降不快也不慢、叶色不老也不嫩。田间通风、透光、土壤持水量保持在55% ~ 60%，病虫害少。

吐絮期棉花管理原则：狠抓管理不松懈。适时停水停肥，坚持做好叶面调控、人工机械物理调控、药剂虫害防治等工作。

吐絮期棉花生长异常防治措施：①做好针对贪青晚熟棉田防治。具体措施包括人工整枝，去除侧枝、二次生长的枝叶赘芽，推株并拢，喷施乙烯利、脱落宝等催熟脱叶剂，8月下旬停水，提早停肥。②做好针对早衰棉田的防治。具体措施包括推迟停水至8月底9月初，保障土壤湿度在55% ~ 60%；喷施叶面肥，每亩用150 ~ 200克尿素或磷酸二氢钾，兑水15千克叶面喷施，每隔7 ~ 10天喷施一次，连喷2 ~ 3次，可起到增铃重、提高衣分和品质的效果。③喷施杀菌剂和药剂，有针对性地防治铃病。④各种措施做到早防、及时、高效、有效，不要拖延。

11. 棉花叶生长异常诊断及防治

棉花叶生长异常表现症状：①出叶速度过快或过慢。苗期叶龄日增长量＞0.35片或＜0.2片，蕾期叶龄日增长量＞0.3片或＜0.15片，花（花铃）期叶龄日增长量＞0.2片或＜0.1片。②叶量过大、过繁茂。叶片数＞25，总叶面积指数＞4.5，各时期叶面积大于适宜叶面积，苗期叶面积指数＞0.3、现蕾初期叶面积指数＞0.5、盛蕾期叶面积指数＞1.0、初花期叶面积指数＞1.5、盛花期叶面积指数＞2.0、盛铃期叶面积指数＞3.0、铃期叶面积指数＞4.0、盛铃后期至吐絮期叶面积指数＞3.5。③小叶、叶黄化、卷曲、干枯、变黑、变红、变紫。④叶畸形。由阔叶掌状叶变为鸡脚叶。⑤叶片萎蔫。

棉花叶生长异常主要原因：①导致出叶速度、叶量生长异常的原因包括有品种、低温高温气候、肥水化控管理的失调、盐碱或次生盐渍化。②导致小叶、叶黄化、卷曲、干枯、变黑、变红、变紫的原因有病虫害、缺素、干旱、肥害、低温冷害等。③导致叶畸形的原因有药害。④导致叶萎蔫的原因有干旱、土壤持水量不足、次生盐渍化、根腐等。

棉花叶生长异常防治措施：①采取以促或控制叶生长的措施。缩节胺、叶面肥、植物生长调节剂的叶面调控，中耕的物理调控，肥水调控等，促僵苗防旺长。②采取以防控为主的措施。加强田间管理，做好病虫害防治、安全用药、叶面调控、及时中耕、合理灌溉、适期播种等农艺措施，通过农艺措施防病虫、防旺长、防早衰、防低温冷害、防干旱、防假旱、防肥害、防药害、防次生盐渍化、防营养不平衡。有针对性地科学施策，从而规避不利因素，为叶片生长创造良好环境。

12. 棉铃生长异常诊断及防治

棉铃生长异常表现症状：表现为畸形、裂果、脱落、干铃、僵铃、小铃、病铃、烂铃、铃期长、无效铃多等。7月中旬至8月上中旬是新疆棉花铃脱落高峰期。

棉铃生长异常原因：导致棉铃生长异常的原因有多种。概括有4个方面原因。①不利的气候土壤棉田环境。高温和低温、阴雨和寡照、郁闭和遮阴、高湿与干燥引发的铃生长异常。②不合理的栽培管理。肥水、化控、打顶、中耕、揭膜等各种农艺调控措施调控的时间、调控的强度不合理所致。如肥水化控不及时，肥水化控投入的强度过大或过小，引发的铃生长异常。③病虫害综合防治缺失或效果欠佳。④药害、肥害、营养障害和自然灾害共同导致的铃生长异常。必须进行全面分析，明确具体原因。

棉铃生长异常防治措施：采取以防控为主的措施。通过综合农艺措施防病虫、防旺长、防早衰、防低温冷害、防高温、防干旱、防假旱、防肥害、防药害、防次生盐渍化、防营养不平衡、防病虫害、防遮阴、防铃期长，保障各项农艺措施及时到位、科学施策，重点为棉铃生长发育创造适宜的光、温、气、水、营养条件、协调的群体个体结构及病虫发生轻的棉田生物环境。加强7月中旬至8月上中旬新疆棉铃脱落高峰期的综合农艺措施调控，降低铃脱落。

13. 土壤障害引发棉花生长异常诊断及防治

土壤障害引发棉花生长异常表现：①土壤化学因素异常引发。包括盐碱（土壤的pH异常、高盐浓度），土壤次生盐渍化，各种养分缺乏或过剩，有害元素的存在（重金属污染铜、镉、砷、锌等）。②土壤物理因素异常引发。包括土壤板结、过湿过干的土壤及其引发的透水性、透气性，质地黏重的土壤，保水保肥差的土壤，地膜残留多的土壤。

土壤障害的原因：包括不合理的开发土地和用地；排盐碱配套措施不力；灌溉制度不合理，长期缺少压盐洗盐水，使得棉田盐碱化、次生盐碱化面积和程度逐渐增加；耕作制度不合理，长期连作；施肥制度不合理，长期施用化肥，非平衡施肥，有机肥投入少；生态环境意识差，乱排乱放等。

土壤障害防治措施：①做好土壤合理开发，做到用养结合，树立绿色环保生态的种地理念。②搞好标准农田建设。③做好土壤修复、按照一控两减三基本用药用肥。④建立土壤障害预防。包括土壤障害改良修复工程技术、综合农艺技术。⑤建立土壤障害防控检测体系。正确判断土壤障害的物理化学性质，从而做出正确判断。主要判断土壤排水、电导度（EC）、酸碱度（pH）指标等。如棉花盐害和次生盐渍化是土壤中氯离子浓度高引发的土壤溶液浓度障害，通过检测土壤电导度，当硝态氮少而氯离子高时，可能是盐害；硝态氮和氯离子都低而硫酸根高时就可能为酸性土壤。

14. 棉花营养障害的发生症状及防治

营养障害是指某一营养元素在土壤或植物体内含量的异常而导

致的生长异常现象。棉花营养障害诊断就是假设判断营养元素是正常还是过剩或缺失或肥料成分供给平衡失调的过程。

棉花缺素症或过剩症产生的元素有：氮、磷、钾、钙、镁、铁、硼、锰、锌、铜、镍、钼等。

棉花营养障害表现症状：棉花营养障害（缺素或过剩）最易发生症状的部位一般为植株的生长点、新叶或下部老叶。叶片黄化是棉花缺素导致生长异常的最多的表现。

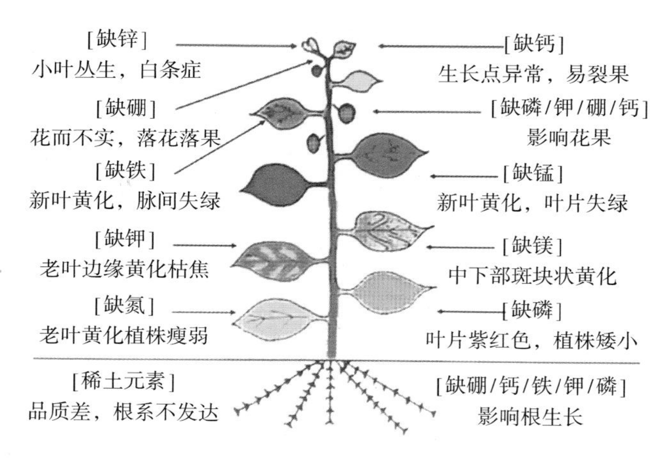

植物营养障害危害症状示意图

棉花营养障害原因：棉花营养障害的原因有直接原因，也有间接原因。如棉花诊断缺钙，但土壤中钙含量很丰富。在土壤钙含量充足的情况下发生缺钙，这可能是钙与其他元素的平衡关系或棉花蒸腾与吐水不平衡引起钙的运移不平衡供给不平衡有关，可喷施蒸腾抑制剂或调节土壤持水量防止干燥和渍害。棉花缺素也可能是土壤氧化还原电位（Eh）及pH高低引发的元素缺乏或过剩障害。通过土壤氧化还原电位及pH高低判断。如果诊断结果是以土壤化学性质异常为主因的棉花生长异常，就要采取措施改良土壤，包括物理化学等措施。一般在新垦棉田上发生缺素或过剩症的现象较多。在棉花营养障害原因诊断上要注意区分病虫害与营养障害，防止混淆，营养障害不传播，一般是全株产生异常症状，导管很少变褐色。另外，肥料引起的障害常常与肥料中混入有害物质有关，应从肥料生产的源头找起；还要注意偏肥现象，过多使用某种元素，会影响棉花对其他元素的吸收，而发生缺素现象。如叶片黄化是各种因素导致棉花生长异常的共同表现，但导致黄化的机理不同，了解区别正确判断极为重要，最大的区别在于生物胁迫往往通过病菌产生毒素堵塞破坏导管组织产生黄化，这种黄化最终导致叶片萎蔫干枯，而土壤缺素非生物胁迫导致的黄化一般不萎蔫。

棉花营养障害防治措施：pH高低决定影响着元素的溶解难易度，从而导致某个元素的过剩或缺乏，发生缺素症或过剩症，所以土壤过碱过酸（新垦地发生较多）都会导致棉花生长发育营养障碍，要进行土壤盐碱土改良。一般土壤胁迫或营养元素缺乏过剩导致的生长异常诊断需要化学手段。

15. 冷态年型对棉花的危害及防治

“冷态年型”是指≥10℃、≥15℃、≥20℃积温明显低于历年平均水平，造成棉花产量、品质显著下降的气候年景。一般≥10℃积温减少300℃可界定为冷态年型。由于夏秋季出现持续气温偏低致使棉花不能正常成熟而减产的现象称为夏秋季的低温冷害。

冷态年型引起的棉花生长异常表现：棉花播种至出苗所需≥10℃积温200℃左右、出苗至现蕾600℃左右、现蕾至开花所需积温700℃左右、开花至吐絮1 400℃左右、吐絮完毕1 000℃左右。棉花完成每个生育阶段都需要一定的活动积温。当某个发育阶段积温显著亏缺时，就会引起该阶段为主的生长发育进程推迟，当连续几个关键发育阶段积温显著亏缺时，就会形成冷态年型，导致棉花蕾花铃的生长发育推迟，最终霜前花率显著降低，影响产量和品质。

新疆是干旱气候区，干旱气候的特点就是温度变化大，其中年度间气温变化也大。严重的低温年，特别是夏秋季低温年就会造成棉花大减产。1992年、1996年新疆为冷态年型（严重的低温冷害年），当年≥10℃积温比历年减少500℃左右，造成全疆棉花大幅度减产，减产率达到30%～40%，并且纤维成熟度和其他各项品级指标明显下降。新疆冷态年型较频繁，应引起重视。

冷态年型引起的棉花生长异常诊断与防治：年际间≥10℃积温相差871℃，无霜期相差62天，可造成冷态年型出现。新疆4月和9月积温不足及7月下旬至8月初的高温，是限制新棉棉花产量的关键热量因素。冷态年型的棉田管理要以促早发、早熟为重点，划分棉田类型，分类管理，力争晚中求早，最大限度地减少产量和晚发晚熟带来的损失。选用早熟品种，采取促早熟栽培措施。防治大面积迟发晚熟，适时打顶，早打顶，及早停水，提高霜前花比例。

参考文献

阿布力孜·开赛尔，阿吉古丽，等，2009. 干热风对棉花生长发育的危害及对策建议. 农业科技通讯(10).

曹占洲，毛炜峰，李迎春，等，2011. 近49年新疆棉区≥10℃终日和初霜期的变化及对棉花生长的影响. 中国农学通报，27(8).

陈冠文，2005. 各类雹灾棉田的救灾决策与灾后管理技术. 新疆农垦科技(5).

陈冠文，2014. 棉花肥害及其防治. 新疆农垦科技(12).

陈冠文，陈谦，宋继辉，等，2009. 超高产棉花苗情诊断与调控技术. 乌鲁木齐：新疆科学技术出版社.

陈冠文，邓福军，余渝，2009. 新疆棉花苗情诊断图谱(续). 乌鲁木齐：新疆科技卫生出版社.

陈冠文，李莉，祁亚琴，等，2007. 北疆棉花红叶早衰特征及其原因探讨. 新疆农垦科技(6).

陈冠文，刘奇峰，1997. 风害对棉株的影响与救灾对策. 中国棉花(1).

陈冠文，张文东，2000. 陆地棉果枝分化异常的原因探索. 中国棉花(9).

党益春，张建萍，袁惠霞，2007. 棉叶螨大发生的原因及防治措施. 干旱地区农业研究，25(5).

冯宏祖，王兰，2008. 新疆南部棉区棉田杂草调查. 安徽农业科学(7).

傅玮东，2001. 终霜和春季低温冷害对新疆棉花播种期的影响. 干旱区资源与环境，15(2).

傅玮东，李新建，黄慰军，等，2007. 新疆棉花播种-开花期低温冷害的初步判断. 中国农业气象，28(3).

郭文超，刘永江，徐建辉，等，1998. 新疆北部棉花主要病虫害发生趋势及防治策略. 新疆农业科学(1)：20-22.

郭欣华，丁述举，2006. 棉铃病害的发生与综合防治. 江西棉花(4)：33-34.

郭予元，1995. 棉铃虫综合防治. 北京：金盾出版社.

郭予元，1998. 棉铃虫的研究 . 北京：中国农业出版社 .
郭予元，戴小岚，王武刚，等，1991. 棉花虫害防治新技术 . 北京：金盾出版社 .
姜腾飞，张文蔚，齐放军，等，2012. 不同棉花品种（系）对几种主要苗病抗性比较 . 中国棉花 (5)：18-20.
李国英，2000. 新疆棉花主要病害发生趋势及对策 . 新疆农垦科技 (4)：23-25.
李国英，丁胜利，2000. 新疆棉苗烂根病病原种群的鉴定 . 新疆农业科学，37 (S1)：9.
李国英，贺福德，2003. 新疆棉花主要病虫害的生态控制及应注意解决的几个问题//21世纪植物保护发展战略学术研讨会论文集 .
李国英，王佩玲，刘政，等，2006. 近年来新疆棉区病虫发生的特点及其原因分析//兵团精准农业技术研讨会论文汇编：39-43.
李号宾，马祁，王锁牢，等，1997. 新疆第二代棉铃虫的危害和防治指标研究 . 棉花学报，9 (4)：193-196.
李虹，1997. 缺硫症状的识别及硫的施用 . 江西棉花 (1) .
李进步，吕昭智，王登元，等，2005. 新疆棉区主要害虫的演替及其机理分析 . 生态学杂志，24 (3)：261-264.
李茂春，胡云喜，2005. 棉花播种出苗期风灾类型及抗灾措施 . 新疆气象 (6).
李新建，毛炜峄，谭艳梅，2005. 新疆棉花延迟型冷害的热量指数评估及意义 . 中国农业科学，38 (10).
李雪源，2012. 棉花管理“三字经” . 乌鲁木齐：新疆科学技术出版社 .
李雪源，2013. 新疆棉花高效栽培技术 . 北京：金盾出版社 .
李彦斌，程相儒，李党轩，等，2012. 北疆垦区棉花低温冷害初步研究 . 农业灾害研究，2 (5).
刘冰，王佩玲，芦屹，2008. 不同灌水条件下棉蚜发生的规律 . 石河子大学学报（自然科学版），26 (3)：296-298.
刘海洋，王伟，张仁福，等，2015. 新疆主要棉区棉花黄萎病发生概况 . 植物保护，41 (3)：138-142.
刘洛春，2008. 灾害性天气对棉花的影响及预防 . 农村科技 (4)：47.
刘献国，1987. 棉花各生育期异常苗情产生的原因分析 . 江西棉花 (2).
刘志军，1993. 棉花铃病的发生规律与防治措施 . 河北农业科技 (8).
陆宴辉，吴孔明，姜玉英，等，2010. 棉花盲蝽的发生趋势与防控对策 . 植物保护，36 (2)：150-154.
雒珺瑜，马艳，崔金杰，2015. 棉花病虫草害生物生态防控新技术 . 北京：金盾出版社 .
马存，简桂良，1997. 新疆棉花枯、黄萎病危害及防治 . 中国棉花，24 (5)：2-4.

马祁，李号宾，汪飞，等，2000. 新疆棉花害虫综合防治技术体系研究. 新疆农业科学 (1)：1-5.
毛秀红，刘翠兰，燕丽萍，等，2010. 植物盐害机理及其应对盐胁迫的策略. 山东林业科技，40 (4).
梅拥军，曹新川，龚平，等，2000. 陆地棉子叶受冷害不同程度与真叶出现的关系研究. 塔里木农垦大学学报 (12).
孟玲，李保平，2001. 新疆棉蚜生物型的研究. 棉花学报，13 (1)：30-35.
闵友信，凌天珊，1999. 南疆棉花空果枝形成的原因及其对策分析. 中国棉花，26 (7).
孙新建，2002. 早春风灾、旱灾对棉花的危害及救灾技术措施. 中国棉花 (5).
谭荫初，1997. 棉花的涝灾与防御. 中国农村科技 (9).
田笑明，2015. 新疆棉作理论及现代植棉技术. 北京：科学出版社.
王保勤，李宾，贾新合，等，2013. 棉花黄萎病的发生与防治. 农业科技通讯 (4).
王洪彬，2012. 棉花雹灾后性状调查与处理效益对比. 新疆农垦科技 (4).
王兆斌，2007. 风灾棉田超常规管理技术. 新疆农业科学，44 (S2).
王志斌，廖舜乾，2006. 新疆棉花枯萎病和黄萎病的发生特点和综合防治. 植物医生 (1)：7-8.
徐宇，程小林，2002. 棉花风沙灾害后的管理措施. 新疆农业科学 (4).
姚源松，2004. 新疆棉花高产优质高效理论与实践. 乌鲁木齐：新疆科技卫生出版社.
姚源松，2004. 新疆棉花高产优质高效理论与实践. 乌鲁木齐：新疆科技卫生出版社：163-164.
余瑜，王登伟，1999. 北疆棉区棉花蕾铃脱落规律的初步研究. 新疆农业大学学报，22 (1).
郑维，林修碧，1992. 新疆棉花生产与气象. 乌鲁木齐：新疆科技卫生出版社.
中国农业科学院棉花研究所，2013. 中国棉花栽培学. 上海：上海科学技术出版社.
中国农业信息编辑部，2011. 加强雨后棉花分类管理. 中国农业信息 (8).
朱秋珍，1994. 棉花花铃期、吐絮期常见异常苗情及其产生原因. 农村实用技术与信息 (4).
朱秋珍，1994. 棉花苗期常见异常苗情及其产生原因. 农村实用技术与信息 (2).
朱秋珍，1994. 棉花蕾期两种异常苗情及其产生的原因. 农村实用技术与信息 (3).

图书在版编目（CIP）数据

图说棉花生长异常及诊治/李雪源，王俊铎主编.—北京：中国农业出版社，2019.1

（专家田间会诊丛书）

ISBN 978-7-109-24771-0

Ⅰ.①图…　Ⅱ.①李…　②王…　Ⅲ.①棉花–发育异常–防治–图解　Ⅳ.①S435.62–64

中国版本图书馆CIP数据核字（2018）第244170号

中国农业出版社出版

（北京市朝阳区麦子店街18号楼）

（邮政编码 100125）

责任编辑　郭银巧

中国农业出版社印刷厂印刷　　新华书店北京发行所发行

2019年1月第1版　　2019年1月北京第1次印刷

开本：880毫米×1230毫米　1/32　　印张：3.75

字数：100千字

定价：29.80元